tebis - Lehr - und Lernmodul

Konstruktion und Frästechniken

Christopher Buck

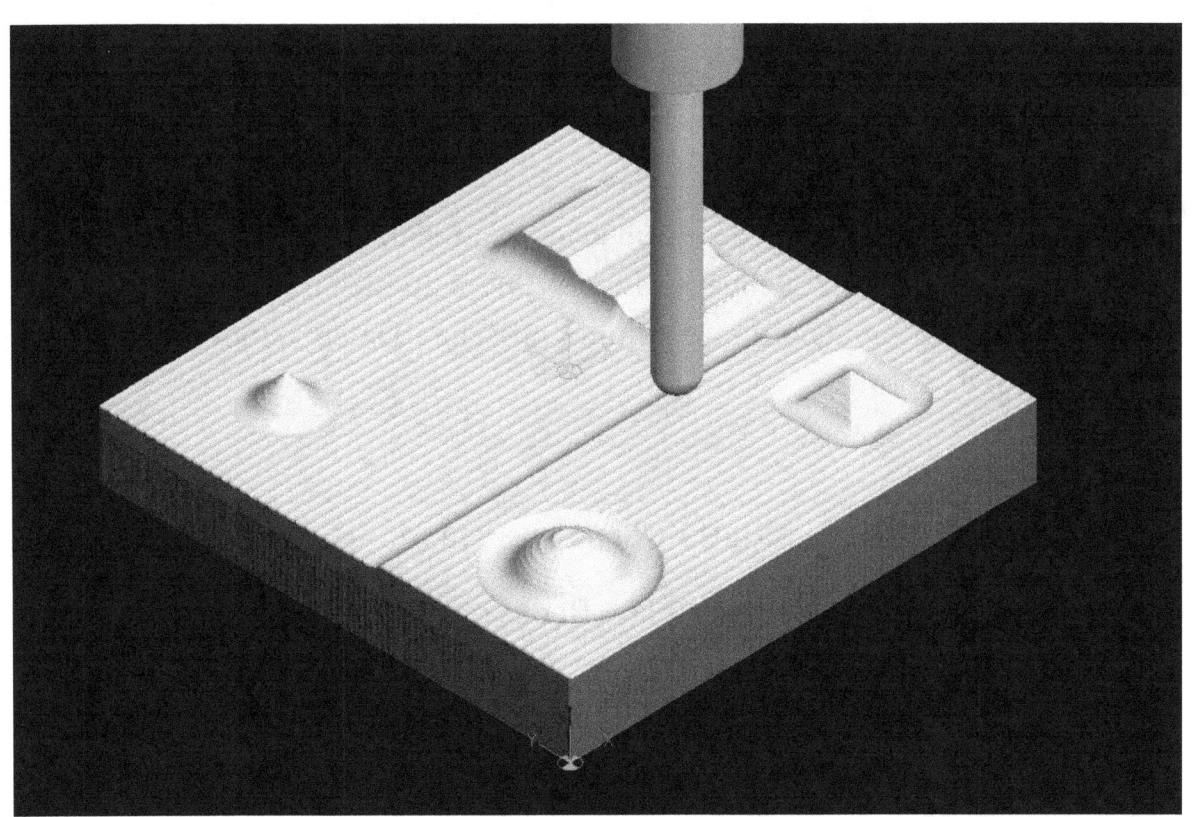

Bibliografische Information der Deutschen Nationalbibliothek: Die Deutsche Nationalbibliothek verzeichnet diese Publikation in der Deutschen Nationalbibliografie; detaillierte bibliografische Daten sind im Internet über dnb.dnb.de abrufbar.

© 2017 Christopher Buck

Herstellung und Verlag: BoD – Books on Demand, Norderstedt

Inhalt

Inhaltsverzeichnis

Vorwort .... **Fehler! Textmarke nicht definiert.**

Inhalt 3

Modul 0 - Einführung in die Oberfläche, Bedienung und Steuerung von tebis ® 6

    Die ersten Schritte 7

    Anlegen, Speichern und Öffnen eines Modells 9

    Datei erzeugen / laden 10

    Datei speichern 13

    Menü - / Modulstruktur in TEBIS 14

    In den Modulen / Menüs vor und zurück gehen 16

    Die Steuerung mit der Maus und Tastatur in TEBIS 18

    Die Hilfefunktion in TEBIS 19

Modul 1 - Modell erzeugen 20

    Konstruktionsmodell 21

    Übung 1 - Konstruktion der Bodenplatte 22

    Übung 2 - Erzeugung von Flächen an Drahtmodellen 25

    Übung 3 - Erzeugung eines Rotationskörpers auf einer Fläche (Kegel) 28

    Übung 4 - Erzeugung eines Regelkörpers auf Flächen (Sphäre) 31

    Übung 5 - Erzeugung eines Regelkörpers auf Flächen (Pyramide) 33

    Übung 6 - Erzeugung eines zusammengesetzten Körpers 36

    Checkpoint Modul 1 39

Modul 2 - Vorbereitung 43

    Vorbereitung 1 - Radien anbringen 44

    Vorbereitung 2 - Layer anlegen 47

    Vorbereitung 3 - Rohteil definieren 49

    Vorbereitung 4 - Koordinatensystem verschieben 50

    Checkpoint Modul 2 52

Modul 3 - Fräsbearbeitung (Schruppen) 54

    Die Werkzeugauswahl 61

    Die Elemente 62

    Die Strategie 63

    Die Makros 64

    Die Parameter 65

    Checkpoint Modul 3 68

Modul 4 - Fräsbearbeitung (Schlichten)	70
Die Werkzeugauswahl	73
Die Elemente	74
Die Strategie	75
Die Makros	76
Die Parameter	77
Simulationen durchführen lassen	80
Rohteil anzeigen lassen	81
NC - Code generieren	82
Checkpoint Modul 4	86
Lösungen der Checkpoint Fragen - Modul 1	87
Lösungen der Checkpoint Fragen - Modul 2	90
Lösungen der Checkpoint Fragen - Modul 3	92
Lösungen der Checkpoint Fragen - Modul 4	95
Abbildungsverzeichnis	96

Die ersten Schritte

Modul 0 - Einführung in die Oberfläche, Bedienung und Steuerung von tebis ®

Die ersten Schritte

Startet man das Programm tebis V3.5 R6, so erscheint dem Benutzer als erstes der Startbildschirm (vgl. Abb. 1)

Abbildung 1 Startbildschirm TEBIS.

Auf der rechten Seite befinden sich die einzelnen Elemente (Editoren, Module und Elemente) zum Speichern und Öffnen von Dateien. Weiter findet man die Bedienleiste am oberen linken Rand.

Bevor man ein Programm anlegt, empfiehlt es sich, die Standardansichtsleiste zu aktivieren (sofern dies nicht schon während der Installation festgelegt wurde):

Abbildung 2 Menüleiste links oben

Oben links auf Ansicht klicken. Anschließend im sich öffnenden Untermenü nacheinander folgende Punkte auswählen:

Ansichten   -   Werkzeugleisten   -   Standard

Die Auswahl mit der linken Maustaste bestätigen. Danach erscheint am rechten oberen Rand folgendes Fenster:

Abbildung 3 Standard Ansichtsleiste

Dieses Fenster bietet folgende Einstellmöglichkeiten (*von links nach rechts*) und ist während des Konstruierens eines der wichtigsten Funktionsleisten:

Drahtmodell:	Anzeigen lassen oder nicht
Flächenmodell:	Flächen ein- oder ausblenden
Verdeckte Kannten:	Kanten ein- oder ausblenden
Aktualisieren:	Modell aktualisieren
Ansicht vergrößern:	Ausschnitt auswählen und vergrößern
Zentrieren:	Richtet das Modell mittig im Bildschirm aus
Draufsicht:	Wechselt von der aktuellen Ansicht in die Draufsicht
Drehpunkt wählen:	Auswählen eines Drehpunktes, um welches das Modell gedreht werden kann
Raster:	Blendet ein Raster mit der Kantenlänge 100 mm x 10 mm ein
Ebenen aktivieren:	Aktiviert etwaige Ebenen in der Konstruktion
Konstruktionsebenen:	Zeigt aktuelle Konstruktionsebene an
Rückgängig:	Macht letzte Operation rückgängig
Wiederherstellen:	Stellt rückgängig gemachte Operation wieder her
Direkthilfe starten:	Startet die Direkthilfe in TEBIS

Weiter befindet sich am unteren Rand noch das sogenannte Kommandofenster (auch Parameterfenster genannt).

Abbildung 4 Kommandofenster

In dieses Fenster werden später alle Befehle zum Generieren von z.B.: Punkten, Kreisen usw. eingegeben. Rechts daneben befindet sich das Statusfenster. In ihm kann der Benutzer alle Informationen zur aktuellen Konstruktion abrufen (Modellname, in welcher Ebene er sich gerade befindet usw.)

Anlegen, Speichern und Öffnen eines Modells

Möchte man in TEBIS ein neues Modell anlegen, so gelingt dies am einfachsten über folgenden Weg: Gehen Sie am rechten Rand zum Modul DATA

Abbildung 5 Modul Data

Klicken Sie mit der linken Maustaste auf den Button FILE

Abbildung 6 Modul DATA - FILE

Datei erzeugen / laden

Nun hat man die Möglichkeit eine Datei:

zu erzeugen / laden	LOAD
zu speichern	SAVE
zu komprimieren	COMPR
mit Stichworten und Definitionen zu versehen	DEF
aktuelles Teil schließen	EXIT

Datei erzeugen / laden

Klickt man im Menü DATA auf den Button FILE und anschließend auf LOAD, so öffnet sich folgendes Fenster:

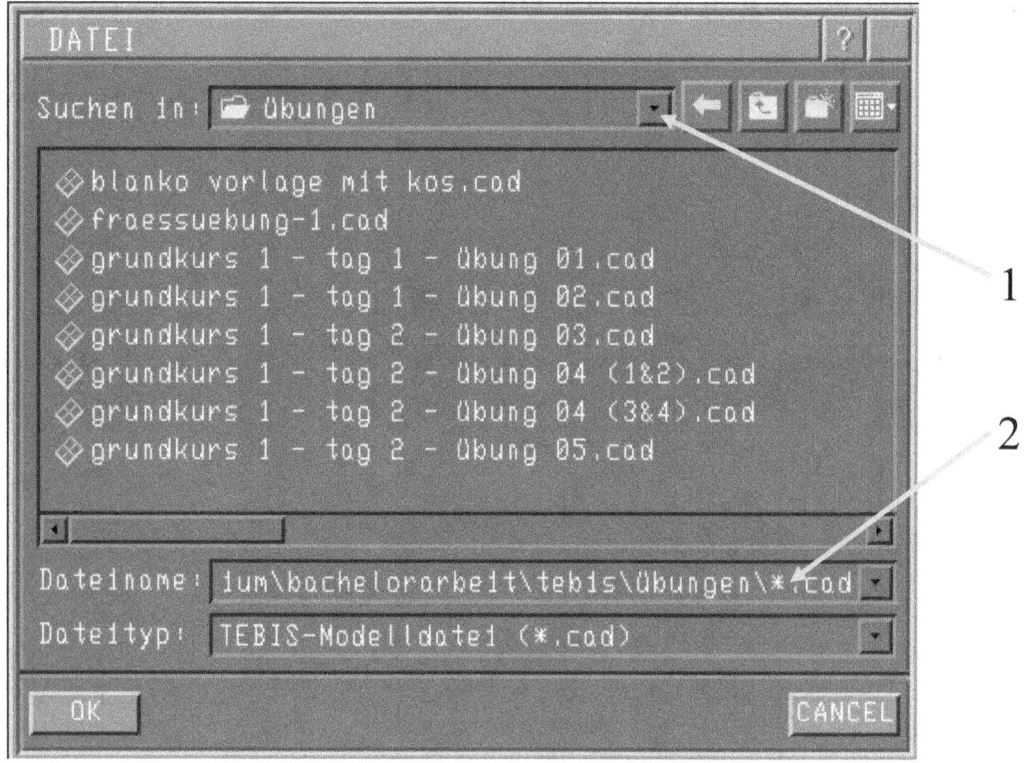

Abbildung 7 Datei öffnen / anlegen

Hier sucht man sich nun (mit Hilfe des Buttons 1) das Verzeichnis bzw. den Ordner, in welche man seine TEBIS Daten abgespeichert hat bzw. in das man eine neue Datei erzeugen möchte (die sich öffnende Struktur ist analog dem Explorer in Windows) (vgl. Abb. 7)[1].

---

[1] Es bietet sich an, sein eigenes Laufwerk zu wählen.

Datei erzeugen / laden

Abbildung 8 Ordnerstruktur beim Öffnen / Anlegen einer Datei in TEBIS

Hier kann nun der gewünschte Ordner ausgewählt werden, in dem die Datei geöffnet oder, sofern noch nicht vorhanden, angelegt werden soll.

Neue Datei anlegen:
1. Gewünschten Ordner öffnen
2. In Feld Dateiname den * durch den gewünschten Namen ändern

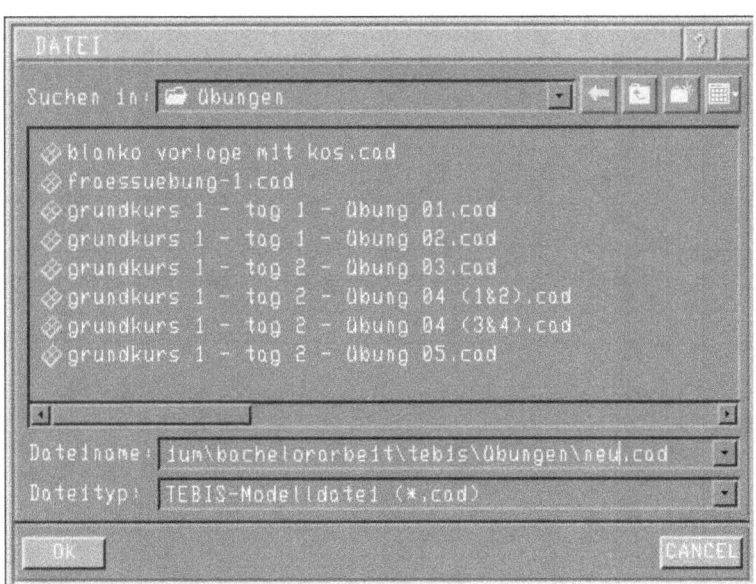

Abbildung 9 Dateinamen eingeben

3. Änderung mit OK bestätigen

Datei erzeugen / laden

Es erscheint nun der Startbildschirm der Datei, mit dem aktivierten Koordinatensystem und dem Strukturbaum auf der linken Seite.

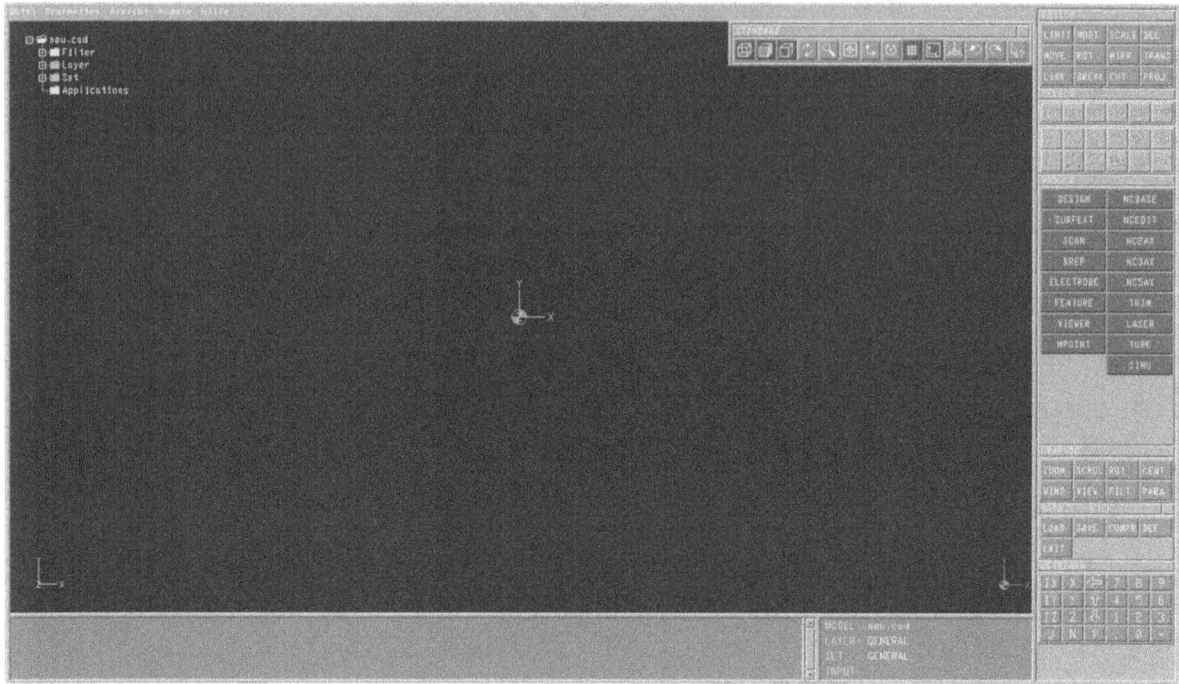

Abbildung 10 Startbildschirm bei neu erzeugter Datei. In der Mitte sieht man das nun aktive Koordinatensystem.

Das Laden einer Datei erfolgt analog dem Erzeugen einer Datei.

FILE - LOAD - im Verzeichnisbaum den gewünschten Ordner auswählen - Datei auswählen - mit OK bestätigen.

Datei speichern

TEBIS speichert die aktuelle Sitzung bzw. jede Änderung am Modell sofort ab. Das hat den Vorteil, dass selbst bei einem Systemausfall die Daten immer noch vorhanden sind. Der Nachteil aber ist, dass Änderungen nicht rückgängig gemacht werden können.

Ausnahmen hierbei sind Änderungen, die mit dem Befehl DEL (EDITOR - DEL) gemacht wurden. Diese werden in TEBIS nicht gelöscht, sondern lediglich "unsichtbar" gemacht und können mit dem Befehl UNDO (Werkzeugleiste S. 3) wiederhergestellt werden.

Soll der aktuelle Stand der Arbeit dennoch gesichert werden, so geht das über:

$$\text{DATA} \quad - \quad \text{FILE} \quad - \quad \text{SAVE}$$

so dass im Fall einer Falscheingabe diese schnell rückgängig gemacht werden kann.

Nach dem Speichern schließt TEBIS die aktuelle Sitzung. Diese muss, möchte sie weiter bearbeitet werden, nun erneut über:

$$\text{DATA} \quad - \quad \text{FILE} \quad - \quad \text{LOAD}$$

geöffnet werden.

Menü - / Modulstruktur in TEBIS

Die Module (vgl. Abb. 11) in TEBIS beinhalten jedes für sich diverse Untermenüs (die logisch zusammengefasst sind). So befinden sich im Modul DESIGN alle Menüs, um konstruktiv tätig zu sein (Kreise, Punkte, Linien, Oberflächen usw. konstruieren).

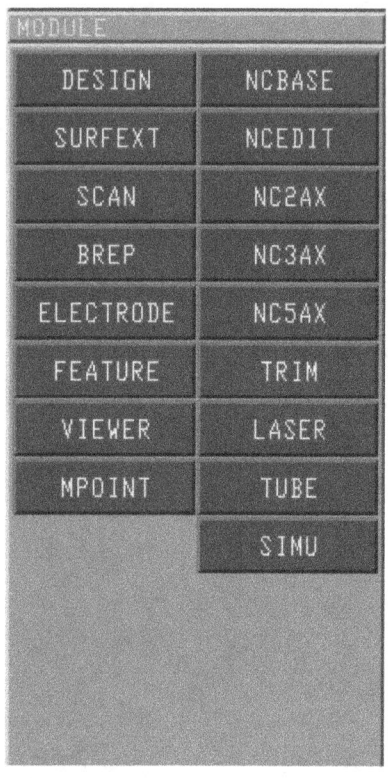

Abbildung 11 Modulübersicht TEBIS

Die Module an sich beinhalten wiederum eine Fülle von Untermenüs. So findet sich im Untermenü DESIGN - POINT (vgl. Abb. 12, 13), alles, um jede erdenkliche Art von Punkten zu erzeugen.

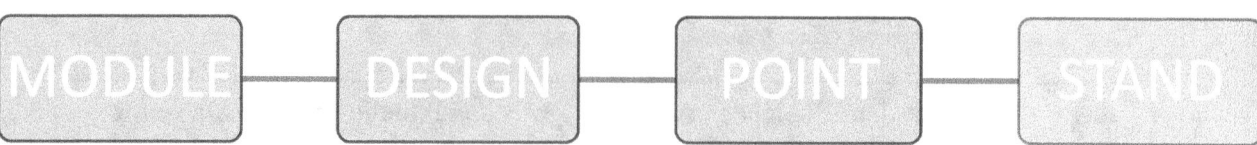

Abbildung 12 Menüstruktur TEBIS am Beispiel des DESIGN Astes. Ab dem Punkt DESIGN, spricht man schon von einem Untermenü.

Aufgrund der Fülle an Modulen und Menüs empfiehlt es sich, ab und an die TEBIS Direkthilfe (Erklärung Seite 17) zu benutzen, um im Falle einer Unklarheit die Funktion eindeutig bestimmen und auswählen zu können.

In den Modulen / Menüs vor und zurück gehen

Befindet man sich in TEBIS in einem Untermenü und möchte nun wieder zurück zum Ausgangsmenü, um eine andere Operation durchzuführen, so gelingt das in TEBIS immer über den nachfolgenden Weg.

Im folgenden Beispiel sei das anhand dem Wechsel vom POINT Menü in die Modulübersicht veranschaulicht.

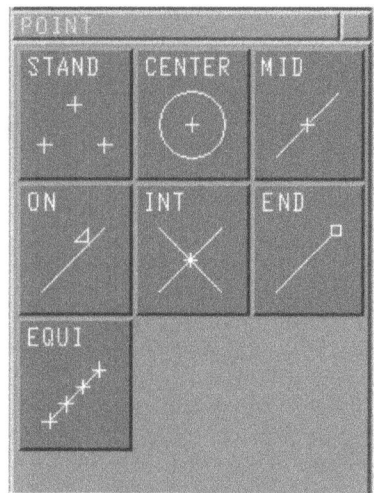

Abbildung 13 POINT Menü im DESIGN Modul

In jedem Untermenü / Modul von TEBIS gibt es rechts oben ein kleines Quadrat (Nummer 1), mit welchem man durch Betätigen eine Ebene zurück kommt (hier im Beispiel des POINT Moduls gezeigt)

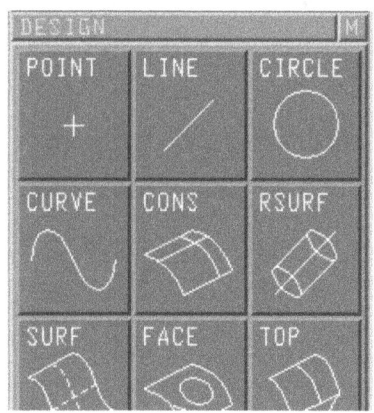

Abbildung 14 DESIGN Modul

Erscheint in diesem Quadrat ein M (Nummer 2) so zeigt dies an, dass man in der ersten Unterebene angelangt ist. Klickt man noch einmal darauf, so gelangt man in die aller oberste Ebene, der Modul Übersicht.

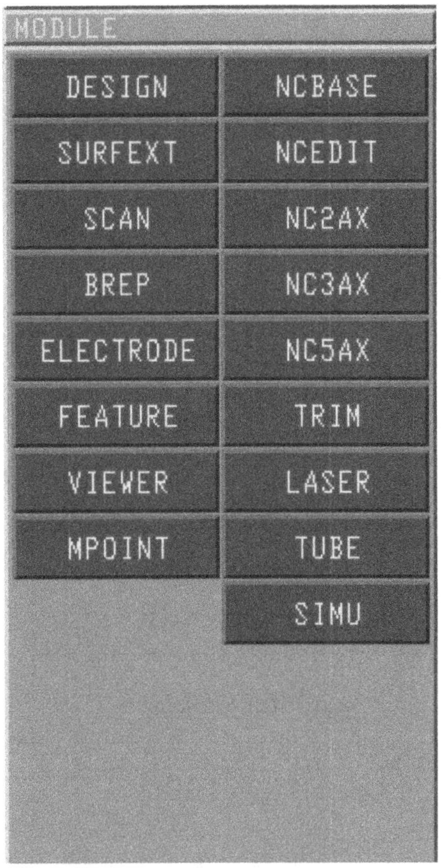

Abbildung 15 Modulübersicht

Dies ist auch eine der wichtigsten Funktionen, da während der Konstruktion oft zwischen den verschiedenen Funktionen hin und hergewechselt werden muss.

 Module werden in TEBIS erst funktionsfähig, wenn man sie anklickt und diese dann wie ein gedrückter Knopf aussehen und leicht in die Tiefe gehen. Ein nochmaliges darauf klickt deaktiviert die aktuell ausgewählte Funktion wieder.

Die Steuerung mit der Maus und Tastatur in TEBIS

Da TEBIS auch für die Benutzung von sogenannten Trackballs[2] ausgelegt ist, muss man bei der Verwendung einer Maus beachten, dass nun jeder Knopf / Scrollrad einer Funktion zugeordnet ist. Die wichtigsten Funktionen sind:

Tastatur	Maustaste	Bewegungsrichtung	Funktion in TEBIS
Strg	Links	Oben bzw. unten	Rein - bzw. Raus zoomen
Strg	Mitte bzw. Scrollrad	frei	Modell um den Koordinatenursprung kippen / schwenken
Strg	Rechts	frei	Modell frei versetzen
-	Mitte bzw. Scrollrad	frei	Operation in TEBIS bestätigen
-	Taste links	frei	Auswahl treffen

Klappt die Funktion des Scrollrades nicht oder zeigt in TEBIS keine Funktion, so muss diese erst in der Systemsteuerung aktiviert werden. In Windows 7

Systemsteuerung - Hardware und Sound - Geräte und Drucker

Dort unter Mauseigenschaften ändern

---

[2] Trackball ist eine in einem Gehäuse frei beweglich gelagerte Kugel, die zum Steuern des Eingabegerätes dient (vergleichbar mit einer Maus, jedoch fest verbunden)

Die Hilfefunktion in TEBIS

TEBIS bietet ab der Version 3.5 eine Hilfefunktion an (vgl. S 3 Direkthilfe). Mit dieser Hilfe können jegliche Funktionen und Steuerelemente untersucht werden und bei Bedarf die Onlinehilfe hinzugezogen werden. Um die Hilfe zu aktivieren muss in der Standard - Ansichtsleiste der Button "Direkthilfe starten" gedrückt werden (Mauszeiger mit Fragezeichen):

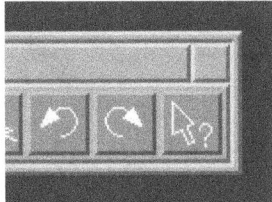

Abbildung 16 Direkthilfe Button (Mauszeiger mit Fragezeichen)

Nun kann mit dem Mauszeiger jeder Button angeklickt oder jedes Symbol angeklickt werden und sofort erscheint die Direkthilfe und beschreibt die Funktion und auch die angrenzenden Funktionen.

Modul 1 - Modell erzeugen

Konstruktionsmodell

In diesem Modul wollen wir gemeinsam ein Konstruktionsmodell, welches aus Quadern, Kegeln, Pyramiden und Halbkreisen besteht, entwerfen. Das fertige Modell seht Ihr in Abbildung 15. Die Zeichnungen zu diesem Modell findet Ihr im Anhang.

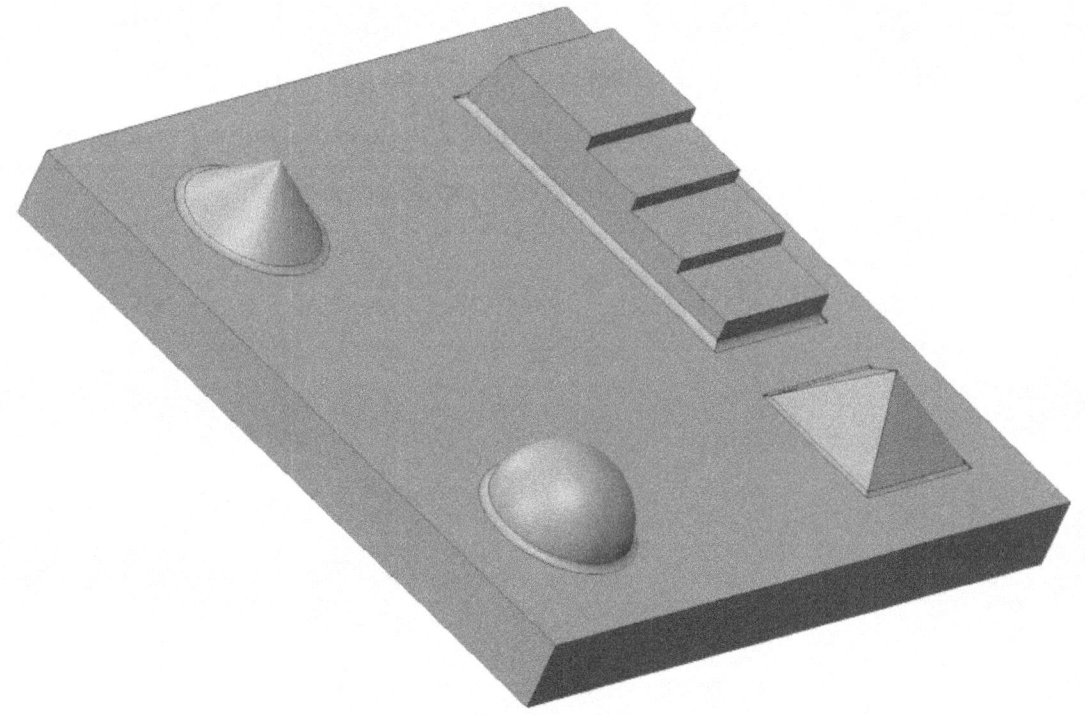

Abbildung 17 Konstruktionsübung

Wir werden zusammen das Modell in TEBIS entwerfen, um es anschließend aus einem Block fräsen und schlichten zu lassen. Ganz so, als wären wir in einer Werkstatt und würden es selber herstellen. Lasst uns nun mit der Bodenplatte beginnen.

 Die wichtigsten Befehle findet man auf Seite 15.

Übung 1 - Konstruktion der Bodenplatte

Aufgabe:
- Anlegen der Datei *konstruktion.cad*
- Konstruieren der Bodenplatte anhand der Zeichnung
- Erzeugen des Drahtmodells

Erlernbare Fähigkeiten:
- Dateien erzeugen und speichern
- Linienzüge und Punkte erzeugen und verknüpfen
- Kennenlernen der Mausbefehle

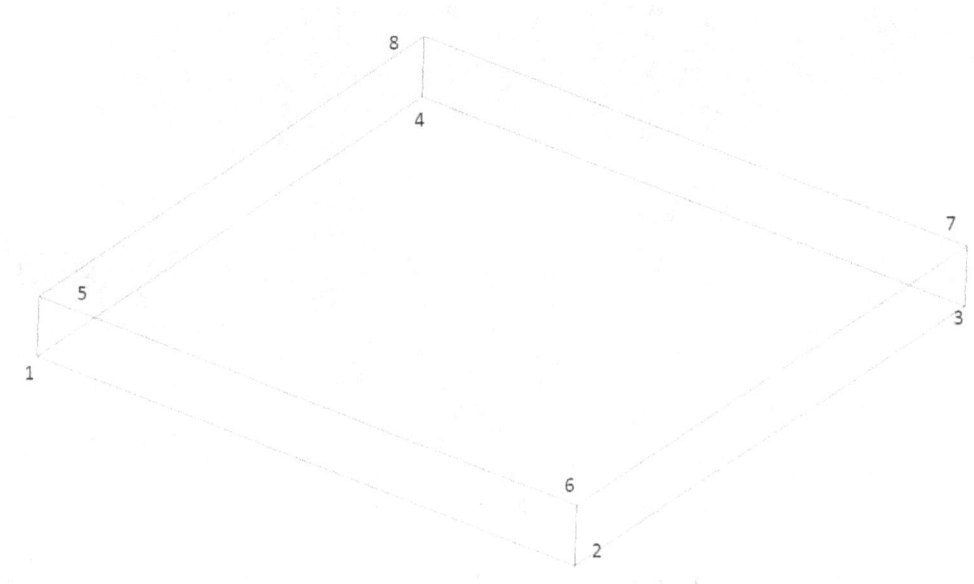

Abbildung 18 Drahtmodell Übung 1

Das Konstruieren dieser Übung wird einfacher, wenn man die Ansicht in isometrische Ansicht ändert:

Menüleiste links oben - Ansicht - Werkzeugleisten - ANSICHTEN

Abbildung 19 Ansichten Leiste

Übung 1 - Konstruktion der Bodenplatte

Modul	Untermenü	Befehl	Eingabe in das Kommandofenster / Auswahl
DATA	FILE	LOAD	Datei: konstruktion.cad
DESIGN	POINT	STAND	X0Y0Z0, X50Y0Z0, X50Y50Z0, X0Y50Z0,
DESIGN	LINE	PT-PT	Punkte 1 - 4 durch klicken der linken Taste nacheinander anwählen und zu einem geschlossenen Linienzug (Boden) verbinden
DESIGN	POINT	STAND	X0Y0Z5, X50Y0Z5, X50Y50Z5, X0Y50Z5,
DESIGN	LINE	PT-PT	Punkte 5 - 8 durch Klicken der linken Taste nacheinander anwählen und analog dem Boden verfahren
DESIGN	LINE	PT-PT	Punkte 1 + 5, 2 + 6, 3 + 7 und 4 + 8 durch Klicken der linken Taste nacheinander anwählen und nach jedem Punktepaar das Scrollrad / mittlere Taste betätigen

Wichtig: Die einzelnen Schritte werden mit den jeweiligen Mausbefehlen (vgl. S. 16) bestätigt.

Wichtig, die Kommas nach dem Punkten nicht vergessen

Das nun entstandene Teil müsste nun so aussehen, wie in Abbildung 18.

Mit dieser Übung habt Ihr den ersten Einblick in die Konstruktion in TEBIS bekommen. In der nächsten Übung werden wir uns mit der Konstruktion von Flächen um Drahtmodelle beschäftigen.

DATA		Datei: konstruktion.cad

Nach dem Speichern schließt TEBIS die aktuelle Sitzung, so dass es zu einem schwarzen Bildschirm ohne Konstruktion kommt. Die Konstruktion ist aber keinesfalls verschwunden, sondern wurde nur gespeichert.

	Wird hinter einem Punkt in TEBIS ein Komma gesetzt, so erscheint der Punkt im Arbeitsfenster als weißes Kreuz. Das ermöglicht eine visuelle Kontrolle der Position. Erst durch Betätigen des Scrollrades / mittleren Taste wird der Punkt übernommen und vom System gespeichert.
	Fehlende Werte bei der Eingabe von Punkten werden durch die entsprechenden Werte des vorangegangenen Punktes ersetzt.

Übung 2 - Erzeugung von Flächen an Drahtmodellen

Aufgabe:
- Öffnen der Datei *konstruktion.cad*
- Konstruieren von Flächen

Erlernbare Fähigkeiten:
- Dateien öffnen und speichern
- Flächen anlegen und bearbeiten
- Linienzüge aufbrechen

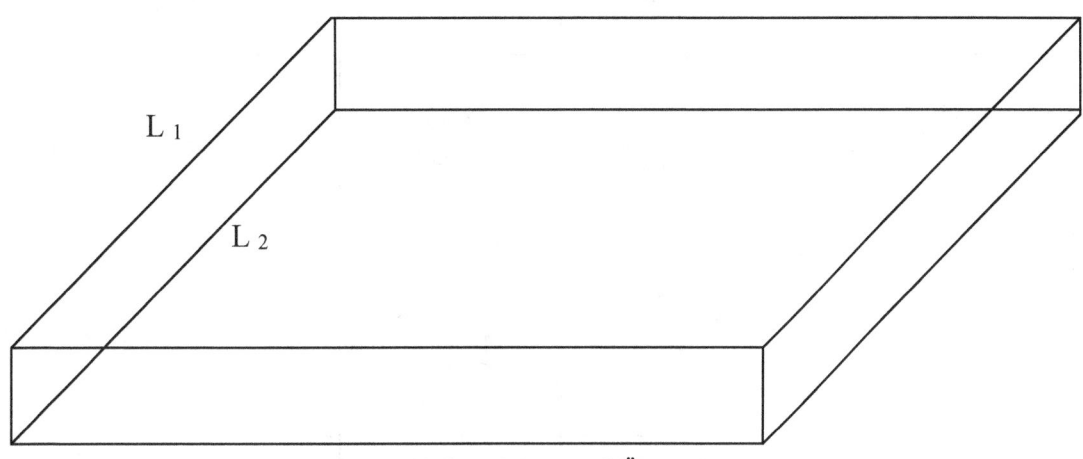

Abbildung 20 Grundplatte nach Übung 1

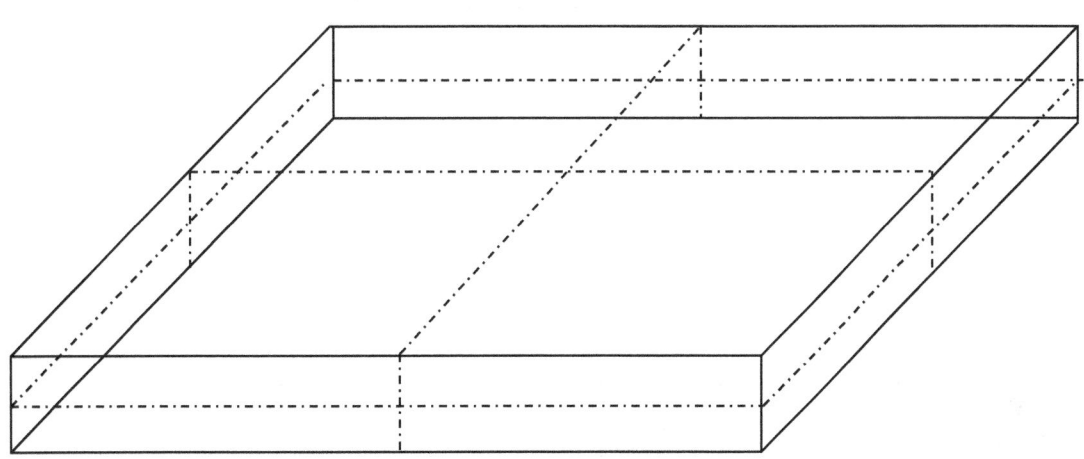

Abbildung 21 Bodenplatte mit den darauf erzeugten Flächen (gestrichelte Linien)

Übung 2 - Erzeugung von Flächen an Drahtmodellen

Wir wenden zum Erzeugen der Flächen die Funktion FILL (DESIGN - SURF - FILL) an. Diese erzeugt eine Fläche unter der Zuhilfenahme von mindestens 3 begrenzenden Flächen.

Bevor wir mit der Konstruktion der Flächen beginnen können, müssen wir noch einige Vorbereitungen treffen.

Da wir die Linienzüge L_1 (Oberseite der Bodenplatte) und L_2 (Unterseite der Bodenplatte) als Ganzes auf einmal erzeugt haben, müssen wir diese nun aufbrechen, um unsere Flächen dazwischen erzeugen zu können. Das Aufbrechen bewirkt, dass aus einem Linienzug 4 einzelne Linien werden (jeweils von Kante zu Kante).

Modul	Untermenü	Befehl	Eingabe in das Kommandofenster / Auswahl
DATA	FILE	LOAD	Datei: konstruktion.cad
EDITOR	BREAK	---	Linienzug 1 auswählen
EDITOR	BREAK	---	Linienzug 2 auswählen

Die Befehle BREAK eignen sich unter anderem für das:

- Aufbrechen von Kurven an Kurven / Elementen
- Aufbrechen von Flächen an Flächen / Elementen

Nachdem die Linienzüge aufgebrochen sind, können nun die Flächen erzeugt werden

Modul	Untermenü	Befehl	Eingabe in das Kommandofenster / Auswahl
DESIGN	SURF	FILL	Linien an der Oberseite einzeln der Reihe nach auswählen und Operation bestätigen.
DESIGN	SURF	FILL	Alle Seitenflächen ebenso ausfüllen
DATA	FILE	SAVE	Datei: konstruktion.cad

Um das Gitter auf der Oberfläche des so entstandenen Körpers noch genauer anzuzeigen, gibt es in TEBIS die Funktion

GRAPHIC - PARA - GRID

Dort das Gitter und die Gitterrasterung auswählen (Werte von 10 haben sich bewährt).

Übung 3 - Erzeugung eines Rotationskörpers auf einer Fläche (Kegel)

Aufgabe:
- Öffnen der Datei *konstruktion.cad*
- Erzeugen einer Geometrie (Kegel) auf einer Fläche

Erlernbare Fähigkeiten:
- Dateien öffnen und speichern
- Geometrie erzeugen und bearbeiten
- Linienzüge aufbrechen
- Rotationskörper konstruieren

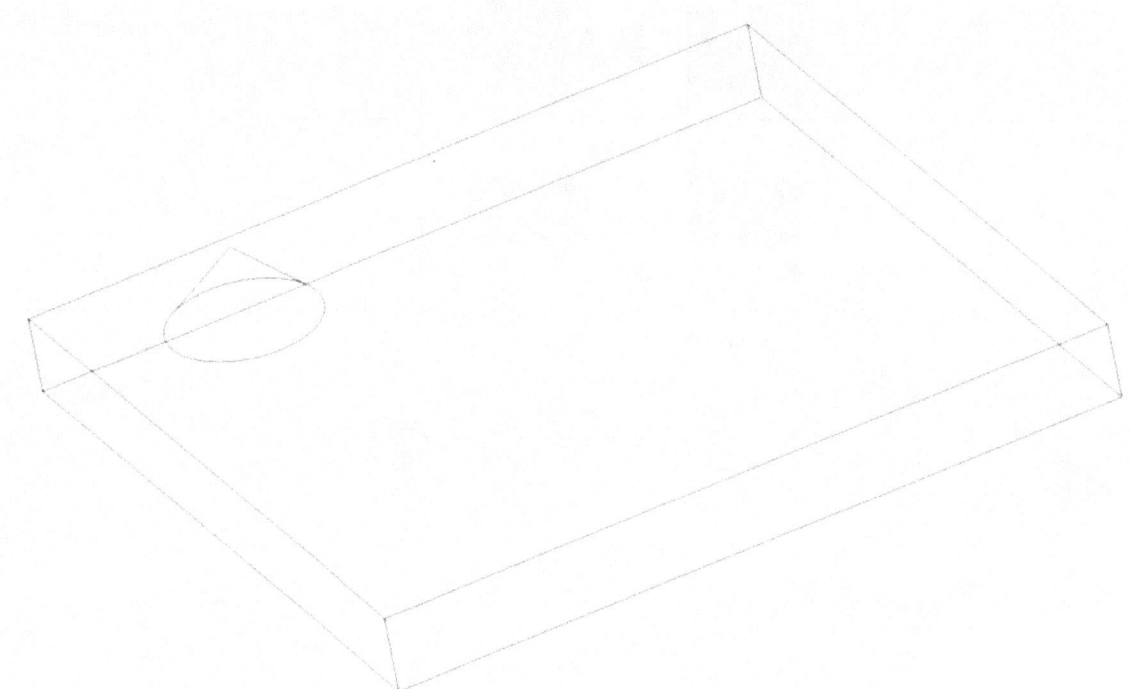

Abbildung 22 Drahtmodell der Übung 3

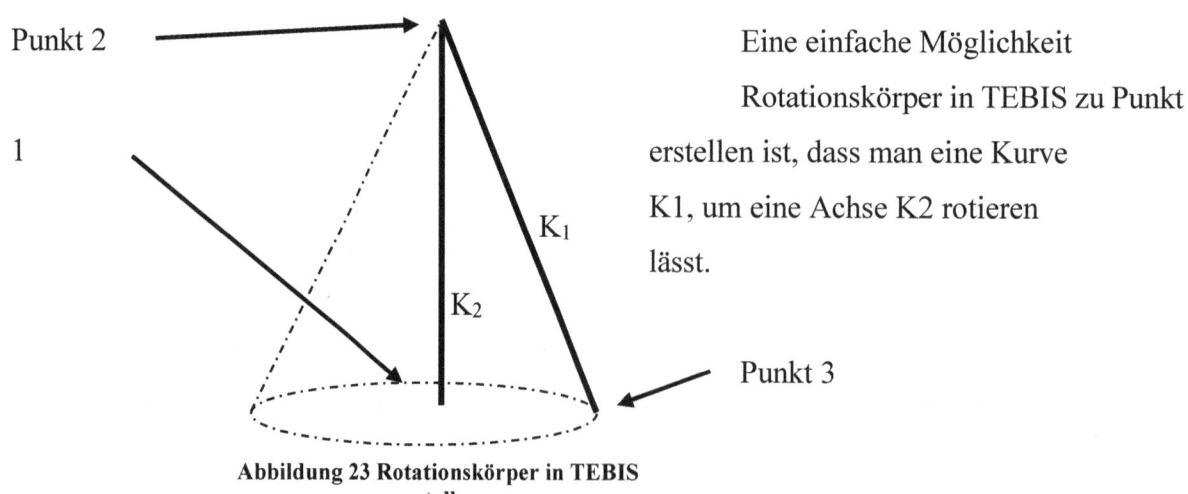

Eine einfache Möglichkeit Rotationskörper in TEBIS zu Punkt erstellen ist, dass man eine Kurve K1, um eine Achse K2 rotieren lässt.

Abbildung 23 Rotationskörper in TEBIS erstellen

Übung 3 - Erzeugung eines Rotationskörpers auf einer Fläche (Kegel)

Modul	Untermenü	Befehl	Eingabe in das Kommandofenster
DATA	FILE	LOAD	Datei: konstruktion.cad
DESIGN	POINT	STAND	X10Y40Z5, X10Y40Z10, X5Y40Z5, (*Punkt 1, Punkt 2, Punkt 3*)
DESIGN	LINE	PT-PT	Die entstandenen Punkte nacheinander, wie in Abb. 22, verbinden (Bodenseite offen lassen!)
EDITOR	BREAK	---	Linien auswählen
DESIGN	RSURF	ROT	Achse: Vertikale Linie auswählen Kontur: schräge Linie auswählen Winkel: keine Änderung
EDITOR	DEL	ALL	Kurve K1 und K2 löschen

 Elemente, die mit der Funktion DEL in TEBIS gelöscht werden, können wieder rückgängig gemacht werden.

Diese werden in TEBIS nicht wirklich gelöscht, sonder nur "unsichtbar" gemacht.

Übung 3 - Erzeugung eines Rotationskörpers auf einer Fläche (Kegel)

Anschließend müssen wir noch die Unterseite des Kegels entfernen, um eine durchgängige Oberfläche zu erhalten. Die Unterseite des Kegel können wir mit der Funktion LIMIT (EDITOR - LIMIT) freischneiden, so dass nun eine durchgängige Fläche entsteht.

Modul	Untermenü	Befehl	Eingabe in das Kommandofenster
EDITOR	LIMIT		Zuerst Oberseite Bodenplatte auswählen Danach Oberfläche des Kegels anwählen
DATA	FILE	SAVE	Datei: konstruktion.cad

Übung 4 - Erzeugung eines Regelkörpers auf Flächen (Sphäre)

Aufgabe:
- Öffnen der Datei *konstruktion.cad*
- Erzeugen einer Geometrie (Sphäre) auf einer Fläche

Erlernbare Fähigkeiten:
- Dateien öffnen und speichern
- Geometrie erzeugen und bearbeiten
- Linienzüge aufbrechen
- Flächen limitieren und erzeugen

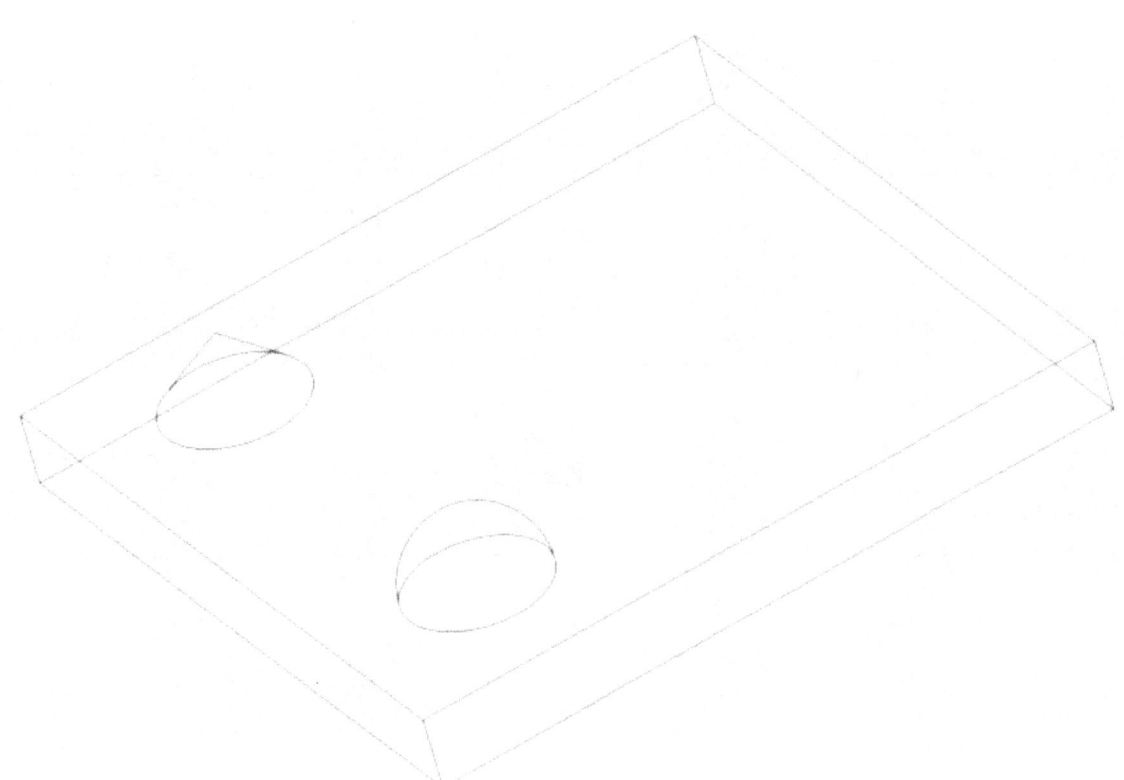

Abbildung 24 Drahtmodell Übung 4

Übung 4 - Erzeugung eines Regelkörpers auf Flächen (Sphäre)

Modul	Untermenü	Befehl	Eingabe in das Kommandofenster
DATA	FILE	LOAD	Datei: konstruktion.cad
DESIGN	RSURF	SPHERE	Mittelpunkt: X10Y10Z5 Radius: 5,000
EDITOR	LIMIT		Zuerst Oberseite der Sphäre auswählen Danach Oberfläche der Bodenplatte auswählen
EDITOR	LIMIT		Zuerst Oberfläche der Bodenplatte auswählen Danach Oberfläche der Sphäre auswählen
DATA	FILE	SAVE	Datei: konstruktion.cad

Eine Sphäre, wie auch ein Kreis, bestehen in TEBIS aus 2 Halbschalen bzw. zwei Halbkreisen, welche in Y - Richtung geteilt sind.

Übung 5 - Erzeugung eines Regelkörpers auf Flächen (Pyramide)

Aufgabe:
- Öffnen der Datei *konstruktion.cad*
- Erzeugen einer Geometrie (Pyramide) auf einer Fläche

Erlernbare Fähigkeiten:
- Dateien öffnen und speichern
- Geometrie erzeugen und bearbeiten
- Linienzüge aufbrechen
- Flächen limitieren und erzeugen

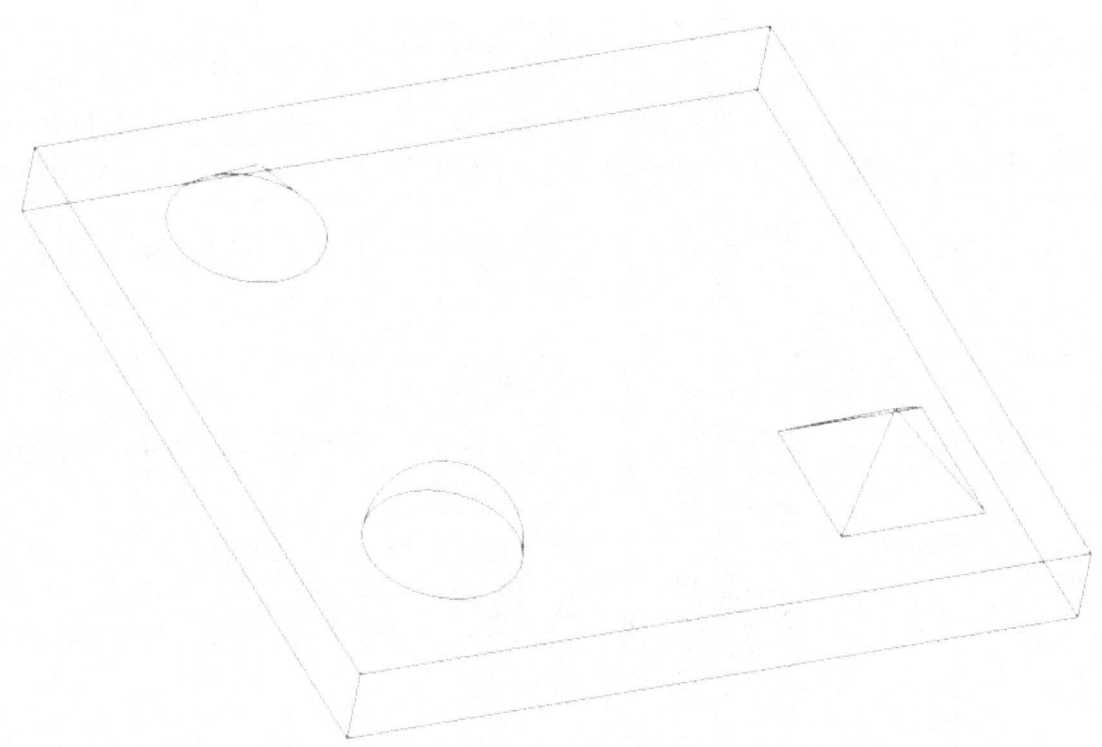

Abbildung 25 Drahtmodell Übung 5

Hilfreiche Ansicht: Draufsicht (+X,+Y)

Übung 5 - Erzeugung eines Regelkörpers auf Flächen (Pyramide)

Modul	Untermenü	Befehl	Eingabe in das Kommandofenster
DATA	FILE	LOAD	Datei: konstruktion.cad
DESIGN	POINT	STAND	X35Y5Z5, X45Y5Z5, X45Y15Z5, X35Y15Z5, X40Y10Z10,
DESIGN	LINE	PT-PT	Alle Punkte der Basis nacheinander verbinden. Anschließend die Seiten und Spitze miteinander verbinden.
EDITOR	BREAK	---	Alle Linien aufbrechen
DESIGN	SURF	FILL	Pyramidenseiten nacheinander füllen
DESIGN	SURF	FILL	Pyramidenboden auffüllen
EDITOR	LINK		Alle Pyramidenseitenflächen auswählen und verbinden
EDITOR	DEL	ALL	Alle Linien löschen
EDITOR	LIMIT		Zuerst Oberfläche der Bodenplatte auswählen, anschließend Pyramidenboden auswählen

Übung 5 - Erzeugung eines Regelkörpers auf Flächen (Pyramide)

EDITOR	DEL	ALL	Pyramidenboden auswählen und löschen
DATA	FILE	SAVE	Datei: konstruktion.cad

Übung 6 - Erzeugung eines zusammengesetzten Körpers

Aufgabe:
- Öffnen der Datei *konstruktion.cad*
- Erzeugen einer Geometrie (Pyramide) auf einer Fläche

Erlernbare Fähigkeiten:
- Dateien öffnen und speichern
- Geometrie erzeugen und bearbeiten
- Linienzüge aufbrechen
- Flächen limitieren und erzeugen

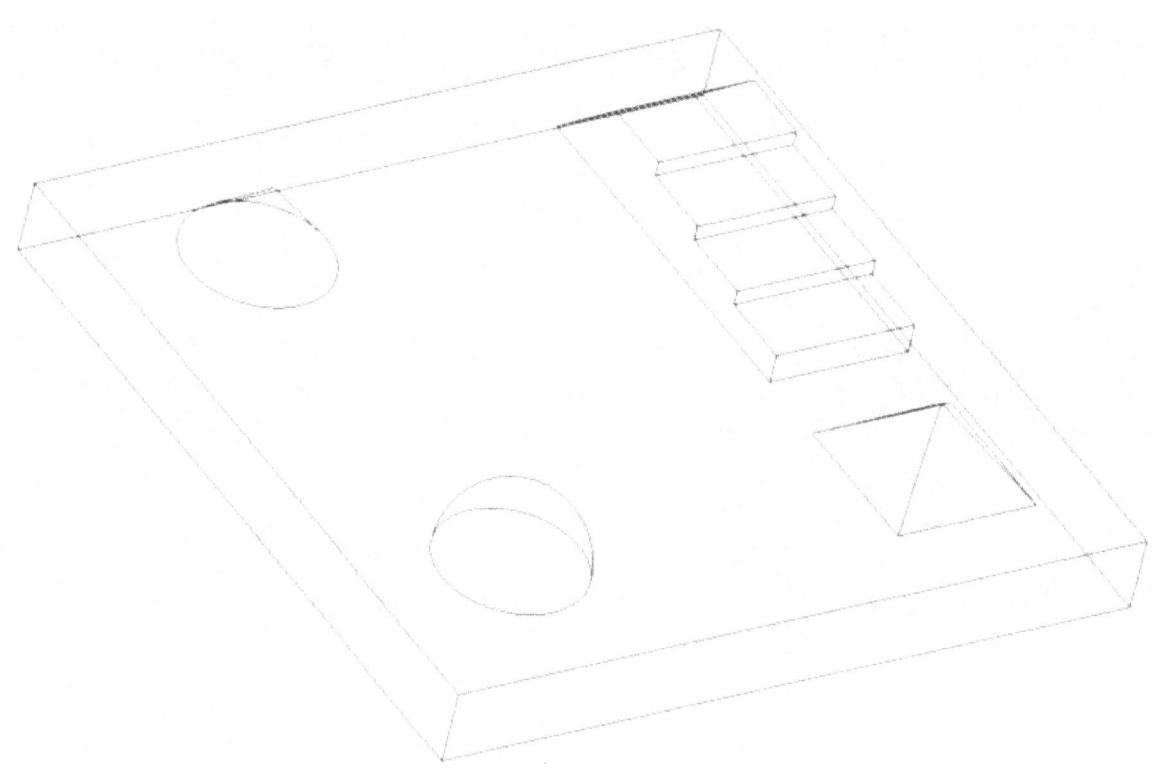

Abbildung 26 Drahtmodell Übung 6

Übung 6 - Erzeugung eines zusammengesetzten Körpers

Modul	Untermenü	Befehl	Eingabe in das Kommandofenster
DATA	FILE	LOAD	Datei: konstruktion.cad
DESIGN	POINT	STAND	X40Y45Z5, X40Y40Z10, X40Y35Z10, X40Y35Z9, X40Y30Z9, X40Y30Z8, X40Y25Z8, X40Y25Z7, X40Y20Z7, X40Y20Z5,
DESIGN	LINE	PT-PT	Die Punkte nacheinander verbinden und Operation bestätigen. Linien am Boden auslassen
EDITOR	MOVE	ALL	Vektor: X35, X40 Element: Linienzug Anzahl: 1 Kopieren: J *
EDITOR	MOVE	ALL	Vektor: X35, X30 Element: Linienzug Anzahl: 1 Kopieren: J *
DESIGN	LINE	PT-PT	Verbindungslinie am Boden der Seitenwände konstruieren

* Alles der ursprünglichen Kurve auswählen, auch die Punkte, da diese auch mitverschoben werden sollen

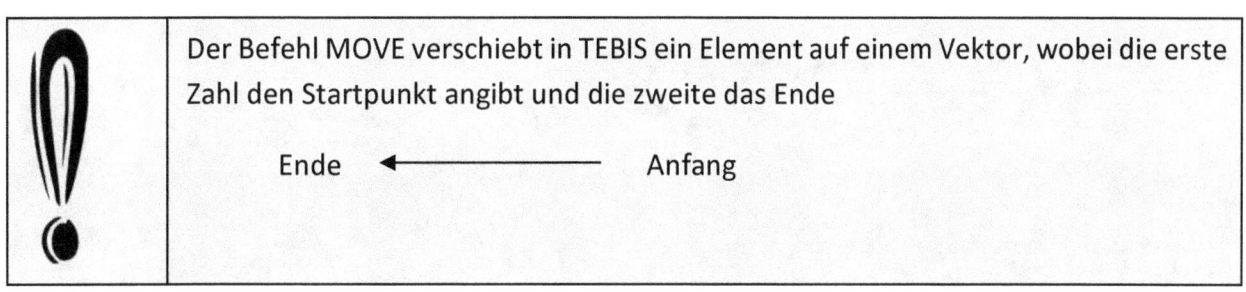

Der Befehl MOVE verschiebt in TEBIS ein Element auf einem Vektor, wobei die erste Zahl den Startpunkt angibt und die zweite das Ende

Ende ← Anfang

Übung 6 - Erzeugung eines zusammengesetzten Körpers

EDITOR	DEL	ALL	Mittlerer Linienzug mit Hilfspunkten löschen
DESIGN	LINE	PT-PT	Verbindungslinien zwischen den beiden Seitenwänden an den Treppenstufen einfügen
EDITOR	LINK	- - -	Geschlossenen Linienzug der Seitenwand oben erstellen
DESIGN	SURF	FILL	Stufenflächen oben und an der Front, sowie schiefe Ebene konstruieren
DESIGN	SURF	BLEND	Fläche an den noch fehlenden Seiten konstruieren
EDITOR	LIMIT		Oberfläche der Bodenplatte und Bodenfläche der Treppe auswählen
EDITOR	DEL	ALL	Bodenfläche löschen
DATA	FILE	SAVE	Datei: konstruktion.cad

Checkpoint Modul 1

1.1   Wie kann in TEBIS ein Arbeitsschritt abgespeichert werden?

....

....

1.2   Werden Punkte in TEBIS unmittelbar nach dem Konstruieren gespeichert?

....

....

1.3   Müssen bei der Konstruktion eines Punktes immer alle X-, Y- und Z - Werte angegeben werden?

....

....

2.1   Wie kann man in TEBIS einen Linienzug aufbrechen und diesen in einzelne Elemente unterteilen?

....

....

Checkpoint Modul 1

2.2   Aus wie vielen Elementen besteht ein Kreis in TEBIS und wie ist er unterteilt?

....

....

3.1   Können gelöschte Daten in TEBIS rückgängig gemacht werden und wenn ja, wie?

....

....

3.2   Wie gelangt man in TEBIS in die Direkthilfe?

....

....

3.3   Wie kann man am schnellsten einen Rotationskörper in TEBIS erstellen und welche beiden Elemente braucht man hierfür?

....

....

4.1 *Wie kann in TEBIS das Gitternetz der Oberfläche verändert werden, so dass diese ein feineres Raster bekommt?*

....

....

4.2 *Welche Parameter sind zur Konstruktion einer Sphäre notwendig?*

....

....

4.3 *Mit Hilfe der MOVE Funktion können Elemente in TEBIS verschoben werden. Was ist das mathematische Analogon hierzu?*

....

....

5.1 *Können aufgebrochene Linienzüge nachträglich wieder verbunden werden?*

....

....

5.2   Welche Elemente können untereinander verbunden werden?

....

....

5.3   Wie kann in TEBIS rein- bzw. heraus gezoomt werden?

....

....

6.1   Wie kann in TEBIS die Ansicht verändert werden?

....

....

Die Lösungen der Aufgaben findet Ihr im Anhang.

Modul 2 - Vorbereitung

Vorbereitung 1 - Radien anbringen

Bevor mit der Erstellung eines Schruppprogrammes begonnen werden kann, müssen wir noch an unserem Bauteil Radien anbringen.

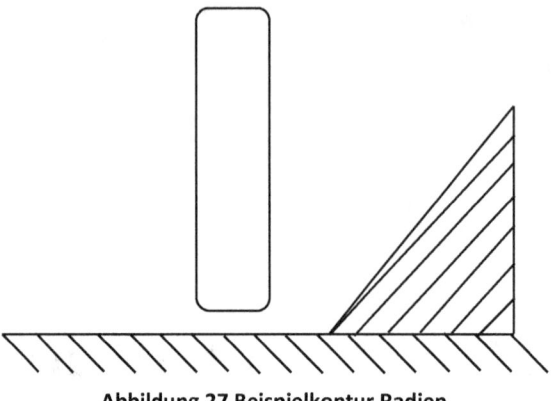

Abbildung 27 Beispielkontur Radien

Die in diesem Beispiel gezeigte Kontur wäre nur sehr aufwendig durch eine Fräsbearbeitung herstellbar (schließlich soll es ja schnell gehen). Man erkennt im Übergang der waagerechten Fläche zur schiefen Ebene, dass dies durch das Bearbeiten eines Fräsers von oben (vgl. Abb. 27) in einem Zug nicht möglich ist, da dort der Fräser einmal absetzen muss, um die Kante zu erzeugen. Genau in diesem Übergang müssen wir einen Radius integrieren, um die Kontur in einem Stück fräsen zu können, ohne abzusetzen (vgl. Abb. 28).

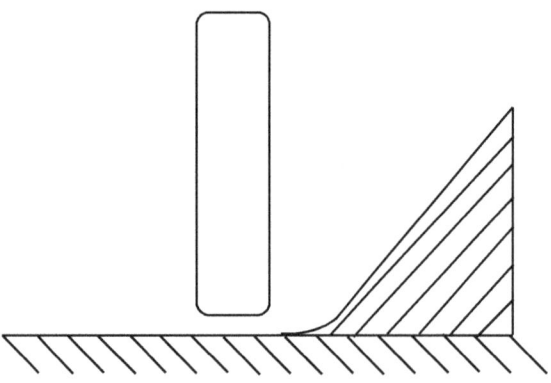

Abbildung 28 Beispielkontur mit angefügtem Radius

Vorbereitung 1 - Radien anbringen

Modul	Untermenü	Befehl	Eingabe in das Kommandofenster
DATA	FILE	LOAD	Datei: konstruktion.cad
DESIGN	SURF	FILLET	Flanke 1: Oberfläche der Grundplatte Flanke 2: Oberfläche / Seite des Körpers Radius: 0.5 Begrenzung: keine Eingabe

Nach dem Bestätigen der Eingabe erscheint folgendes Fenster:

Abbildung 29 Verrundungsmenü

Im Verrundungsmenü gibt es die Möglichkeit, die Radien über eine gewisse Länge anzubringen. Mit den Tasten [◄] bzw. [►] können die Radien nach links bzw. nach rechts beliebig weit verlängert werden. Es empfiehlt sich, die Radien ein klein wenig über die Kante zu ziehen, da dadurch ein sauberer und gleichmäßiger Radius entsteht, der später sauber limitiert werden kann.

Vorbereitung 1 - Radien anbringen

EDITOR	LIMIT	⟶	Oberfläche der Grundplatte und dann Radien auswählen
DATA	FILE	SAVE	Datei: konstruktion.cad

Vorbereitung 2 - Layer anlegen

Mit Hilfe der Layer können wir verschiedene Arbeitsschritte oder Elemente in der Konstruktion anzeigen oder ausblenden. Wir können damit in verschiedenen "Schichten" arbeiten verrichten und diese später unabhängig voneinander anzeigen lassen oder ausblenden.
Die Layer befinden sich am linken oberen Rand (vgl. Abb. 30).

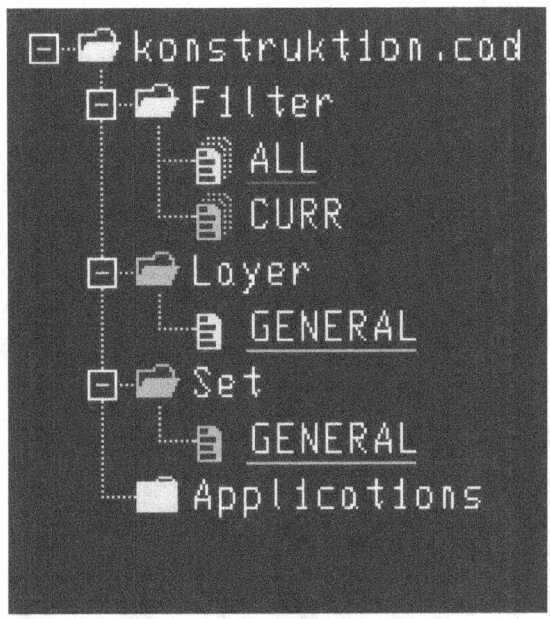

Abbildung 30 Standard Layerstruktur

Standartmäßig ist nur der Layer GENERAL angelegt, in den wir im Modul 1 unsere Konstruktion hinein konstruiert haben. Für die weitere Fräsbearbeitung ist es aber hilfreich, sich noch weitere Layer anzulegen, bzw. die schon vorhandenen umzubenennen.

Wir entscheiden uns für folgende Layer: 01 Konstruktion
02 Rohteil
03 Rohteil nach Schruppen
04 Rohteil nach Schlichten

Vorbereitung 2 - Layer anlegen

Layer werden wie folgt angelegt:

    rechts Klick auf Layer - Anlegen - Name eingeben

Layer werden wie folgt geändert:

    rechts Klick auf Layer - Umbenennen - Name ändern

Nachdem die Layer angelegt und beschriftet wurden, sollte der Strukturbaum folgendermaßen aussehen (**den Layer GENERAL in 01 Konstruktion umbenennen**):

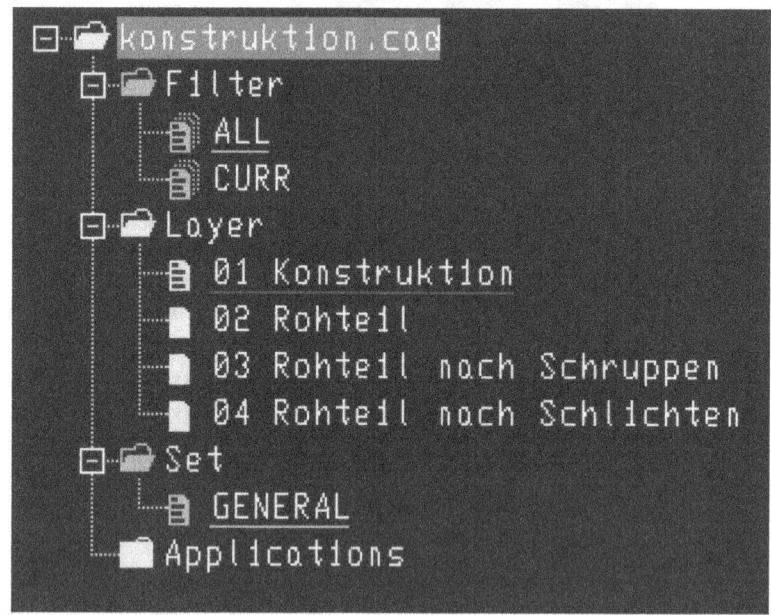

Abbildung 31 fertig angelegte Layerstruktur zur Fräsbearbeitung

Vorbereitung 3 - Rohteil definieren

Bevor wir ein Teil fräsen können, müssen wir in TEBIS ein Rohteil definieren, aus welchem das Teil gefräst werden soll.

Nachdem wir den Layer für das Rohteil und die Fräsprozesse angelegt haben, aktivieren wir diesen Layer nun, um in ihm das Rohteil zu definieren.

Layer 02 Rohteil - rechts Klick - aktivieren (*roter Strich unter Bezeichnung*)

Das Menü zum Anlegen eines Rohteiles findet sich unter

Modul	Untermenü	Befehl	Eingabe in das Kommandofenster
NC BASE	BLANK		Elemente: alles markieren Offset: 1 (mm) Achse: keine Änderung

Klickt man auf NEXT, so öffnet sich ein neues Fenster, in dem man nun die Abmessungen (ausgehend der Konstruktion) eingibt. Hierbei handelt es sich um die Aufmaße in alle drei Dimensionen.

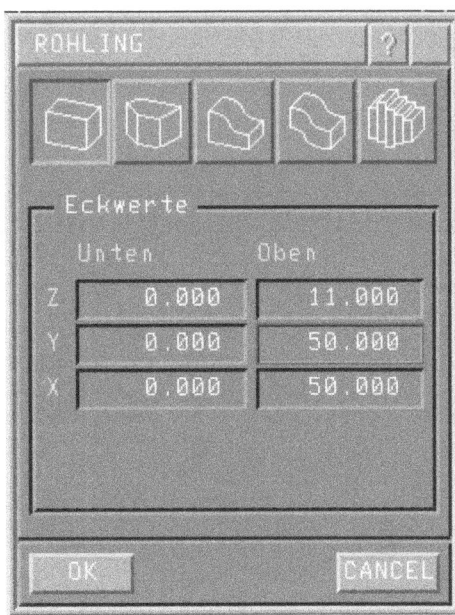

Abbildung 32 Eckwerte der Konstruktion bzw. des Rohteiles.

In X, Y und Z - Richtung geben wir kein Offset ein, da wir davon ausgehen, dass unser Rohteil an seiner Auflagefläche im Backenfutter vorher plan gefräst wurde und das Stangenmaterial die erforderlichen Abmessungen besitzt.

Vorbereitung 4 - Koordinatensystem verschieben

Für unsere Konstruktion war es hilfreich, das Koordinatensystem in eine Ecke unseres Körpers zu legen, da wir von dort aus leichter Bemaßen konnten. In der Fräsbearbeitung (allen voran bei den Maschinenbedienern) ist es aber üblich, dass das Koordinatensystem mittig am höchsten Punkt der Konstruktion angebracht wird. Dadurch werden alle Z - Koordinaten beim Fräsen negativ und ein umständliches Umrechnen entfällt (vor allem bei sehr komplexen Konstruktionen hilfreich).

Das bedeutet für uns, dass wir unser Koordinatensystem verschieben müssen.

Wir gehen dabei folgendermaßen vor (***Wichtig hierbei ist, dass wir im Layer 01 Konstruktion arbeiten!***):

Vorbereitung 4 - Koordinatensystem verschieben

Modul	Untermenü	Befehl	Eingabe in das Kommandofenster
DESIGN	POINT	MID	Alle 4 Seitenlinien des Gitternetzes der Bodenplattenoberfläche anklicken und bestätigen
DESIGN	LINE	PT-PT	Gegenüberliegende Punkte verbinden und Operation bestätigen
DESIGN	POINT	INT	Schnittpunkt in der Mitte der Konstruktion auswählen
DESIGN	AXIS	STAND	Achsensystem Draufsicht (+X, +Y) erzeugen.
-	-	-	Ursprung: Schnittpunkt Mittellinien Aktivieren: J
EDTOR	MOVE	ALL	Vektor: Z5, Elemente: Koordinatensystem auswählen Anzahl: 1 Kopieren: N
EDITOR	DEL		Altes KOS am Eckpunkt auswählen und bestätigen
EDITOR	DEL	ALL	Alle Hilfslienen und Punkte löschen

Checkpoint Modul 2

1.1   Welche Vorbereitungen müssen vor dem Fräsen getroffen werden?

....

....

1.2   Warum ist es sinnvoll mit Layern zu arbeiten?

....

....

1.3   Wie wird ein Rohteil in TEBIS erstellt?

....

....

2.1   Wieso sollte man sein Koordinatensystem vor dem Fräsen verschieben?

....

....

2.2   Warum sollten Radien angebracht werden?

....

....

Modul 3 - Fräsbearbeitung (Schruppen)

Im folgenden Modul widmen wir uns nun der Erstellung eines Fräszyklus, genauer gesagt, fangen wir mit der Erstellung des Schruppzyklus an.

Alle Arbeiten, die wir in diesem Modul unternehmen, müssen im Layer 03 Rohteil nach Schruppen [3]erfolgen (ggf. aktivieren!)

Davor müssen aber noch einige Fragen beantwortet werden:

- Welches Werkzeug verwende ich dafür (Schaft - oder Kugelfräser)?
- Welchen Fräsdurchmesser verwende ich?
- Welche Frässtrategie wende ich an (achsparallel oder konturparallel)?
- Materialabtragung (turm - oder ebenen weise)?

Beginnen wir nun mit der Definition des Werkzeuges

Modul	Untermenü	Befehl	Eingabe in das Kommandofenster
NC BASE	TOOL	-	-

Nach dieser Eingabe öffnet sich das Fenster, in dem man die bis dato angelegten / definierten Werkzeuge erkennt.

Ab diesem Punkt sollten zur Sicherheit alle Konstruktionslinien, außer Bodenplatte oben, entfernt werden.

---

[3] Grobbearbeitung, um möglichst schnell, möglichst viel Material abzutragen

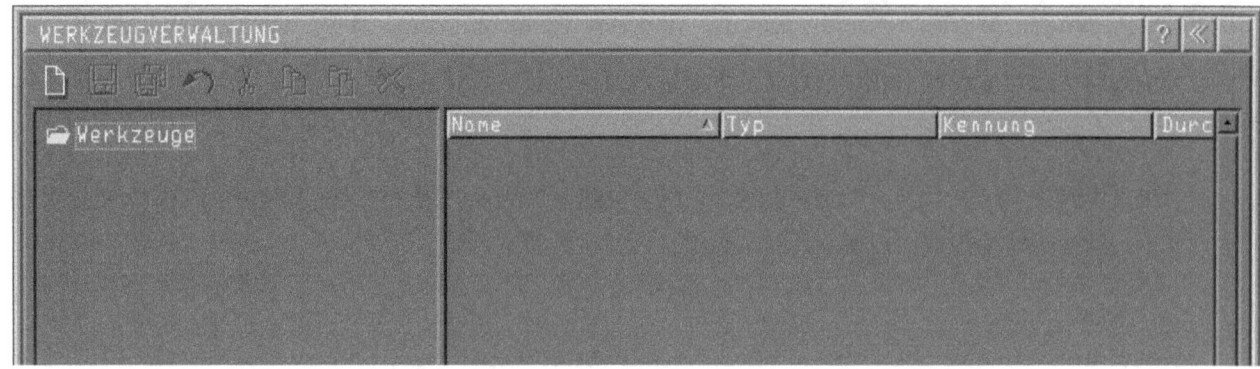

Abbildung 33 Werkzeugverwaltung zum Anlegen und Verwalten der Werkzeuge

In unserem Fall ist noch kein Werkzeug zum Schruppen angelegt. Wir klicken zum Anlegen eines Schruppwerkzeuges auf ▢ und anschließend:

      Schneide   -   Fräswerkzeuge   -   Kugelfräser

So öffnet sich ein Menü, zum Anlegen eines neuen Werkzeuges, welches in der nachfolgenden Abbildung gezeigt wird:

 Wichtig: Die Werkzeugdefinition sollte im Vorfeld mit dem Laborleiter abgesprochen werden. Ggf. weichen die Parameter vom Tutorial mit denen, die der Laborleiter vorgibt ab!

Checkpoint Modul 2

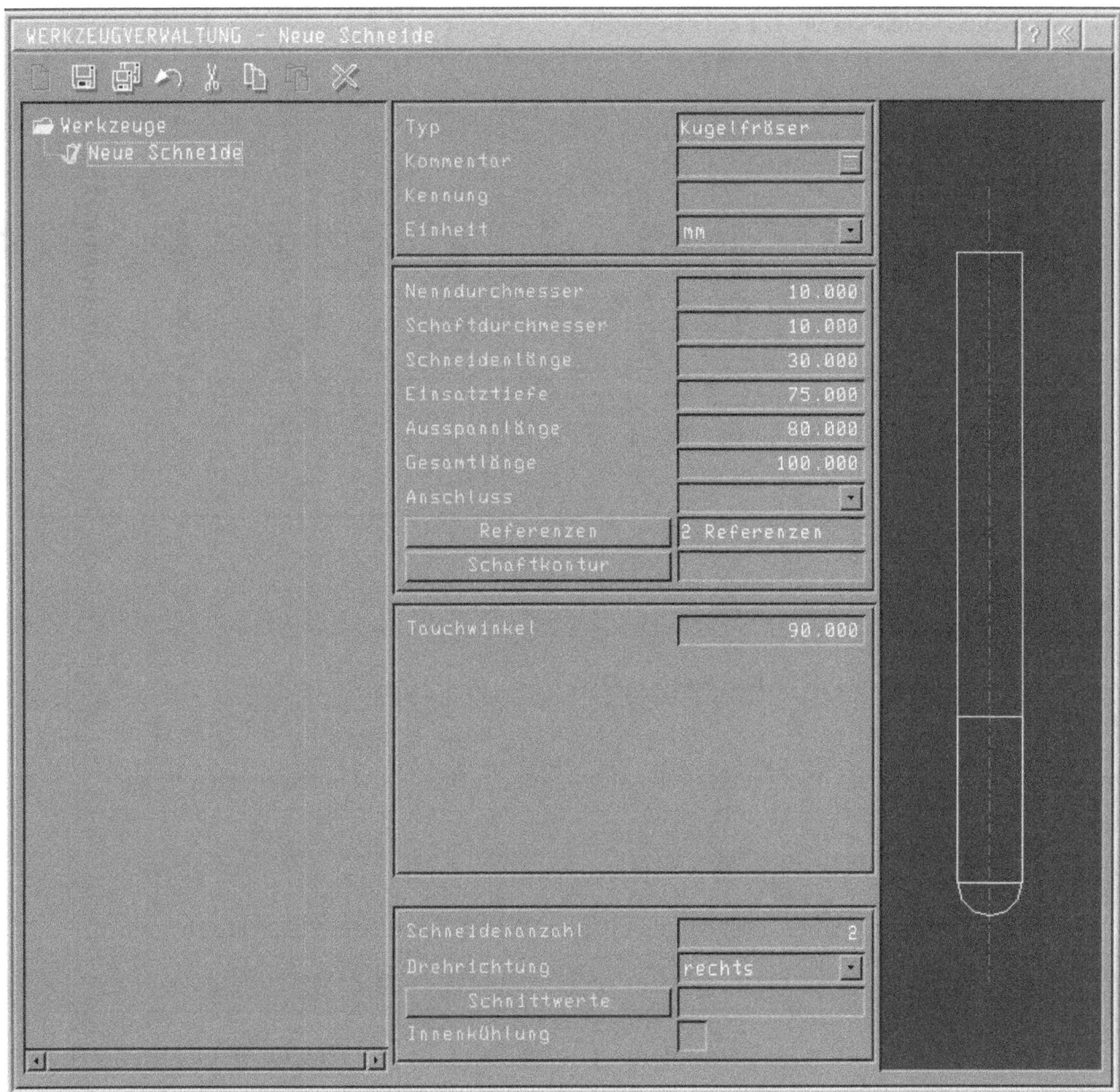

Abbildung 34 Definition eines neuen Werkzeuges in TEBIS

Hier werden alle wichtigen Parameter eingegeben (Durchmesser, Schneidenanzahl …)

Folgende Daten soll unser Fräser besitzen:

Nenndurchmesser	Schaftdurchmesser	Schneidenlänge	Einsatztiefe	Ausspannlänge	Gesamtlänge	Anschluss	Referenzen	Schaftkontur	Tauchwinkel	Schneidenanzahl	Drehrichtung
4	6	12	10	64	75	-	2	-	90	2	rechts

Abschließend ändern wir noch den Namen unseres Fräsers in:

    KF 04

    (Kugelfräser, Durchmesser 4 mm)

Die Änderung kann über rechtsklick auf "Neue Schneide" - Umbenennen, erfolgen.

Da der Fräser nun definiert ist, können wir mit der Definition des Fräszyklus beginnen.

Modul	Untermenü	Befehl	Eingabe in das Kommandofenster
NC BASE	NCJOB	-	-

Nach der Eingabe öffnet sich folgendes Fenster:

Checkpoint Modul 2

Abbildung 35 Verwaltung von Fräsplänen

Wir legen nun unser Schruppprogramm an, indem wir wieder auf ▭ und anschließend auf:

Nc3axJob - RPlan

klicken.

Es öffnet sich nach dem Bestätigen folgendes Fenster:

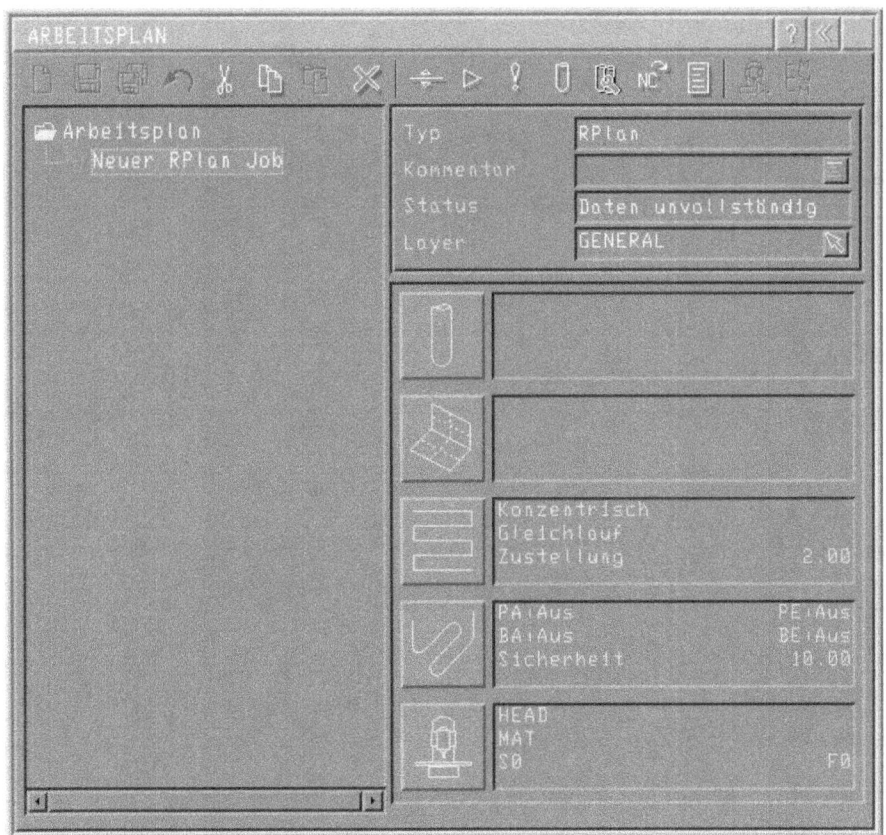

Abbildung 36 Bearbeitungsfenster zum Definieren einer Fräsbearbeitung

59

Im oberen Bereich geben wir folgende Daten ein (sofern noch nicht eingegeben):

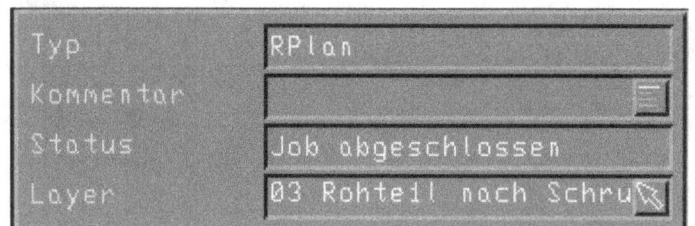

Unter Layer:
03 Rohteil nach Schruppen
auswählen

Anschließend können wir mit dem Generieren des Schruppprozesses anfangen. In der nachfolgenden Tabelle sind die Buttons und deren Funktion kurz zusammengefasst:

Button	TEBIS Bezeichnung	Was definiert wird
	Werkzeugauswahl	- Werkzeugauswahl
	Elemente	- Bauteilflächen - Trennflächen - Stoppflächen - Rohteil
	Strategie	- Frässtrategie
	Makro	- Makros - Tauchwinkel - Zustellungen
	Parameter	- Maschinenparameter

Die Werkzeugauswahl

Wir wählen unser zuvor angelegtes Werkzeug (KF 4), durch Anklicken, aus. Hier empfiehlt es sich auch noch einmal zur Sicherheit die Daten des Werkzeuges (Durchmesser, Länge usw.) zu prüfen.

Die Elemente

Wir definieren nun die Flächen, die nach der Bearbeitung entstehen sollen (Bauteil), jene, von denen das Material abgetragen werden soll (Rohteil).

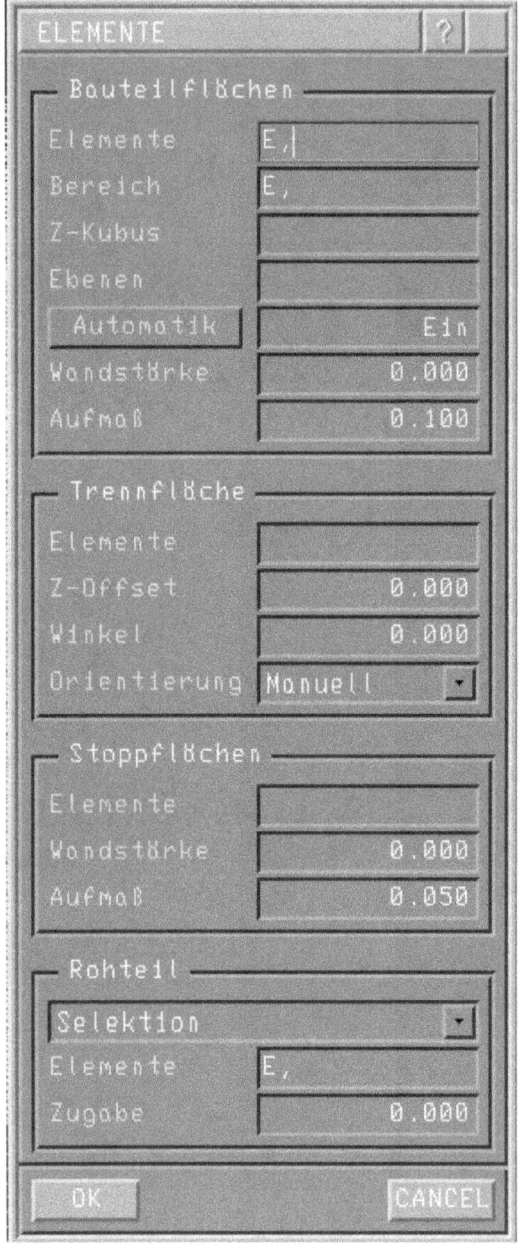

Bauteilflächen

In der +X+Y Ansicht den gesamten Bereich auswählen und bestätigen. Aufmaß auf 0,1 ändern.

Bereich

Linienzug an der Bodenfläche oben auswählen

Aufmaß

0,1 einstellen

Bei *Stoppflächen*

Ein Aufmaß von 0,05 einstellen

Rohteil

Layer Rohteil durch Rechtsklick aktivieren und Rohteil auswählen

Die Strategie

Hier entscheiden wir, wie der Fräser das Material vom Rohteil entfernen soll (kreisförmig, von links nach rechts oder in der Form eines Kleeblattes)

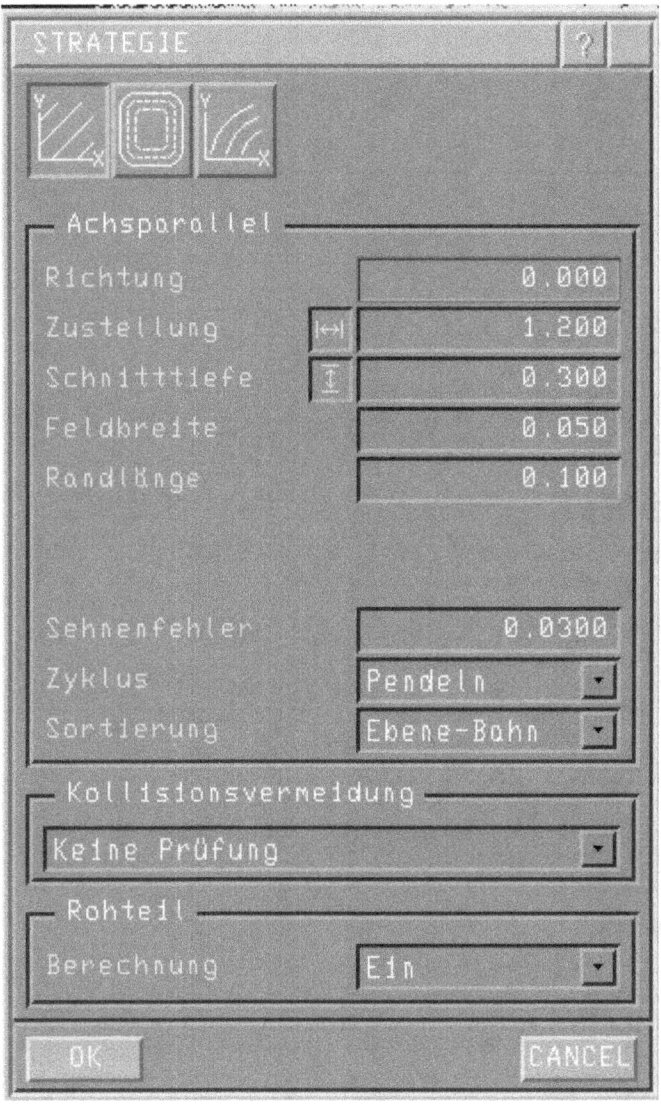

Hier kann ausgewählt werden, wie der Fräser das Material abträgt und mit welcher Strategie. Wir wählen das Erste (Achsparallel).

Den *Sehnenfehler* verringern wir auf: 0,02
Als *Zyklus* wählen wir Pendeln
Die *Sortierung* ändern wir auf: Turm - Feld
Auf eine *Kollisionsprüfung* können wir in unserem Fall verzichteten
Die *Rohteilberechnung* schalten wir ein

Die Makros

In diesem Bereich können wir die Bewegungen, die der Fräser anschließend ausführen soll, optimieren.

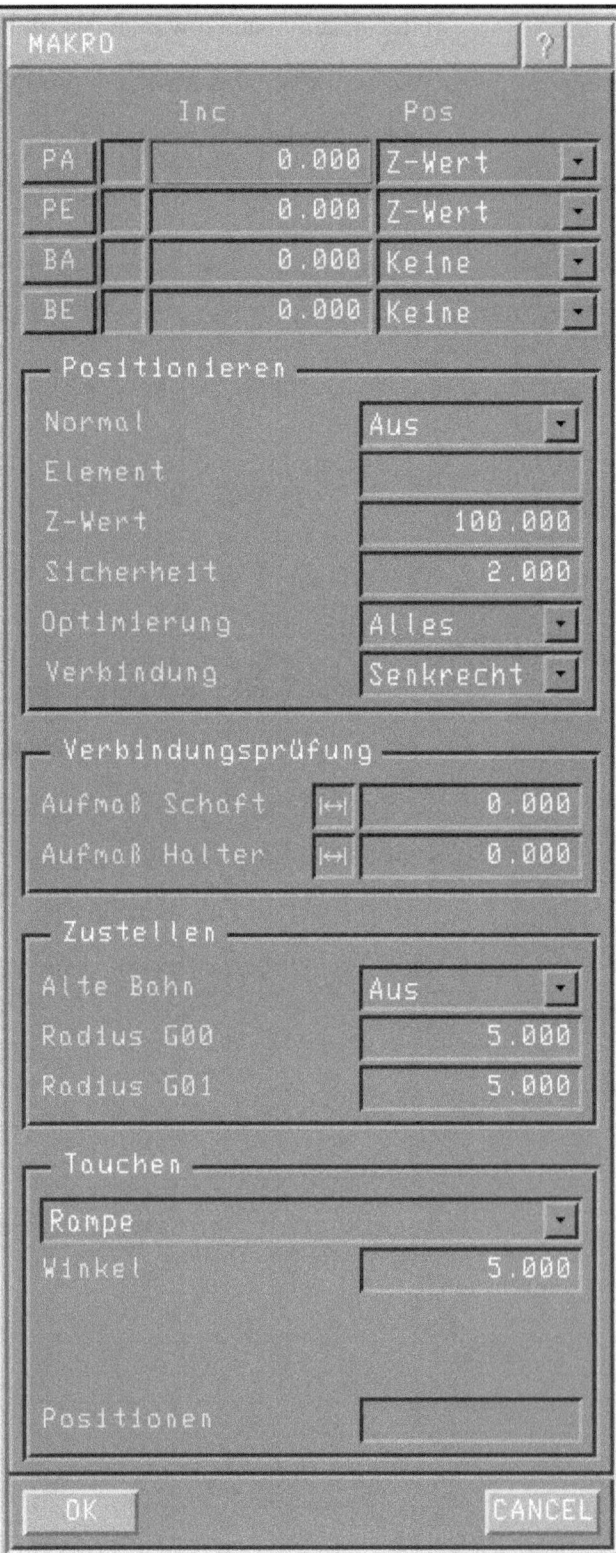

Die Parameter

Als Letztes müssen wir uns noch Gedanken über die (Maschinen)Parameter machen (Schnittgeschwindigkeiten, Vorschübe …).

Wichtig ist hier, dass als *Referenz MITTE* ausgewählt ist

Die Parameter

Nachdem die letzten Einstellungen vorgenommen worden sind und mit OK bestätigt wurden, kann mit dem Simulieren und Abarbeiten des Fräszykluses begonnen werden.

Dafür klickt man auf den Simulation Button im Übersichtsmenü

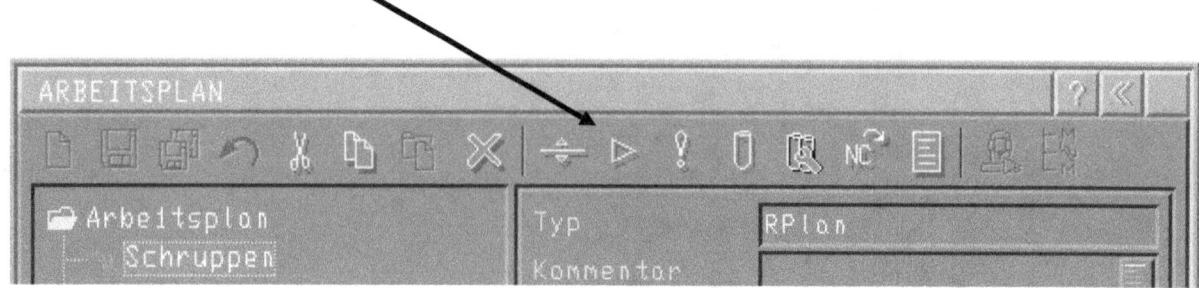

Es öffnet sich ein neues Fenster und man erkennt einen simulierten Fräser, sowie ein Bedienfenster (vgl. Abb. 37).

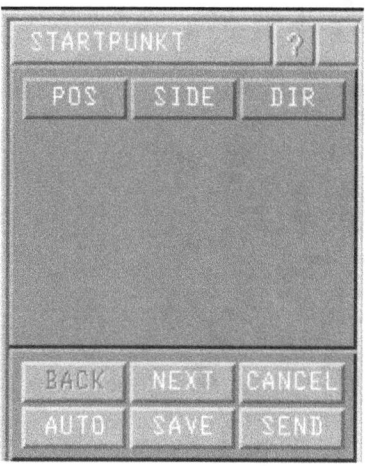

Abbildung 37 Bedienfenster zum Simulieren des Schruppzykluses

Wir bestätigen mit der Funktion AUTO (da wir den Startpunkt automatisch auswählen lassen). Nach dem Bestätigen öffnet sich erneut ein Fenster, mit dem wir nun das eigentliche Fräsen simulieren lassen können. Wir klicken auf OK.

Die Parameter

und sehen nun, wie sich die Fräsbahnen über der Konstruktion erstrecken. Sind alle Bahnen berechnet, schließt das Programm das Fenster selbstständig und man befindet sich wieder in der NCJOB - Übersicht:

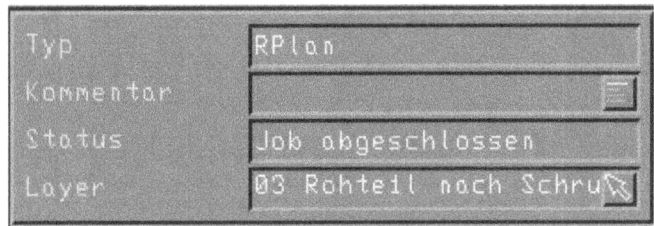

Jedoch steht nun im Statusfeld, dass der Job abgeschlossen ist.

Checkpoint Modul 3

1.1   Wie wird der Fräszyklus in TEBIS bezeichnet?

....

....

1.2   Welche 5 Eigenschaften definieren einen Schruppzyklus?

....

....

1.3   In welchen Layer gehört das Schruppprogramm?

....

....

1.4   Wozu dienen Stoppflächen beim Schruppen?

....

....

1.5   Was passiert beim Ändern der Frässtrategie von Turm - Feld bzw. Bahn zu Ebene - Feld bzw. Bahn (ggf. ausprobieren)?

....

....

Modul 4 - Fräsbearbeitung (Schlichten)

Nachdem wir nun erfolgreich unseren Schruppzyklus angelegt haben, können wir mit dem Generieren des Schlichtzykluses beginnen.

Alle Arbeiten, die wir in diesem Modul unternehmen, müssen im Layer 04 Rohteil nach Schlichten erfolgen (ggf. aktivieren!)

Wir starten analog dem Schruppvorgang, mit dem Anlegen eines neuen Fräsprogrammes:

Modul	Untermenü	Befehl	Eingabe in das Kommandofenster
NC BASE	NCJOB	-	-

Nach der Eingabe öffnet sich erneut folgendes Fenster:

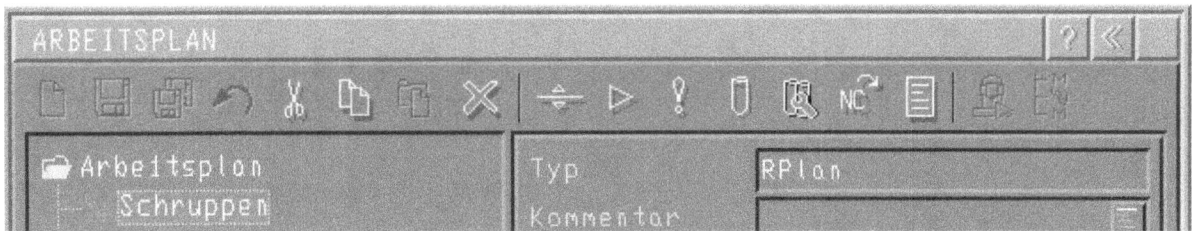

Abbildung 38 Verwaltung von Fräsprogrammen mit bereits vorhandenem Schruppprogramm

Wir legen nun unser Schlichtprogramm an, indem wir wieder auf 🗋 und anschließend auf:

Nc3axJob - MSurf

klicken.

Im oberen Bereich geben wir folgende Daten ein (sofern noch nicht eingegeben):

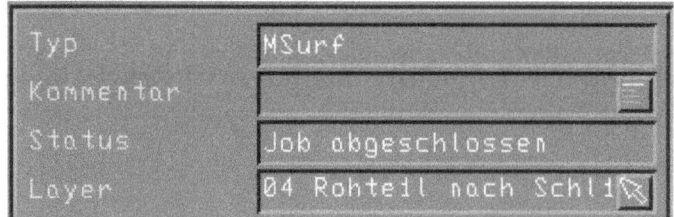

Unter Layer:

04 Rohteil nach Schlichten

auswählen

Anschließend können wir mit dem Generieren des Schlichtprozesses anfangen. In der nachfolgenden Tabelle sind die Buttons und deren Funktion kurz zusammengefasst:

Button	TEBIS Bezeichnung	Was definiert wird
	Werkzeugauswahl	- Werkzeugauswahl
	Elemente	- Bauteilflächen - Trennflächen - Stoppflächen - Rohteil
	Strategie	- Frässtrategie
	Makro	- Makros - Tauchwinkel - Zustellungen
	Parameter	- Maschinenparameter

Die Werkzeugauswahl

Wir wählen unser zuvor angelegtes Werkzeug (KF 4), durch Anklicken, aus. Hier empfiehlt es sich auch noch einmal zur Sicherheit die Daten des Werkzeuges (Durchmesser, Länge usw.) zu prüfen. Das alles geht analog der Auswahl beim Schruppen.

Die Elemente

Wir definieren nun die Flächen, die nach der Bearbeitung entstehen sollen (Bauteil), jene, von denen das Material abgetragen werden soll (Rohteil) und Flächen, die unter gar keinen Umständen unterschritten werden dürfen (Stoppflächen).

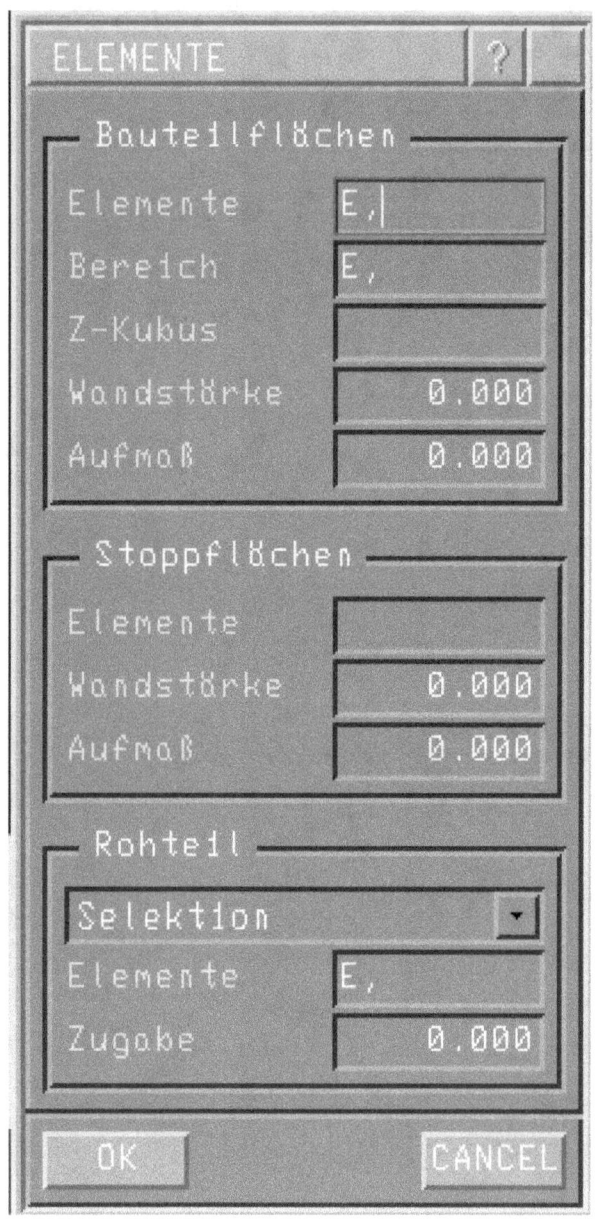

Elemente: Alle Geometrien auf der Grundplatte

Bereich: Linie an der Oberseite der Grundplatte

Rohteil   Layer Rohteil durch Rechtsklick aktivieren und Rohteil auswählen

Die Strategie

Hier entscheiden wir, wie der Fräser das Material vom Rohteil entfernen soll (kreisförmig, von links nach rechts oder in der Form eines Kleeblattes)

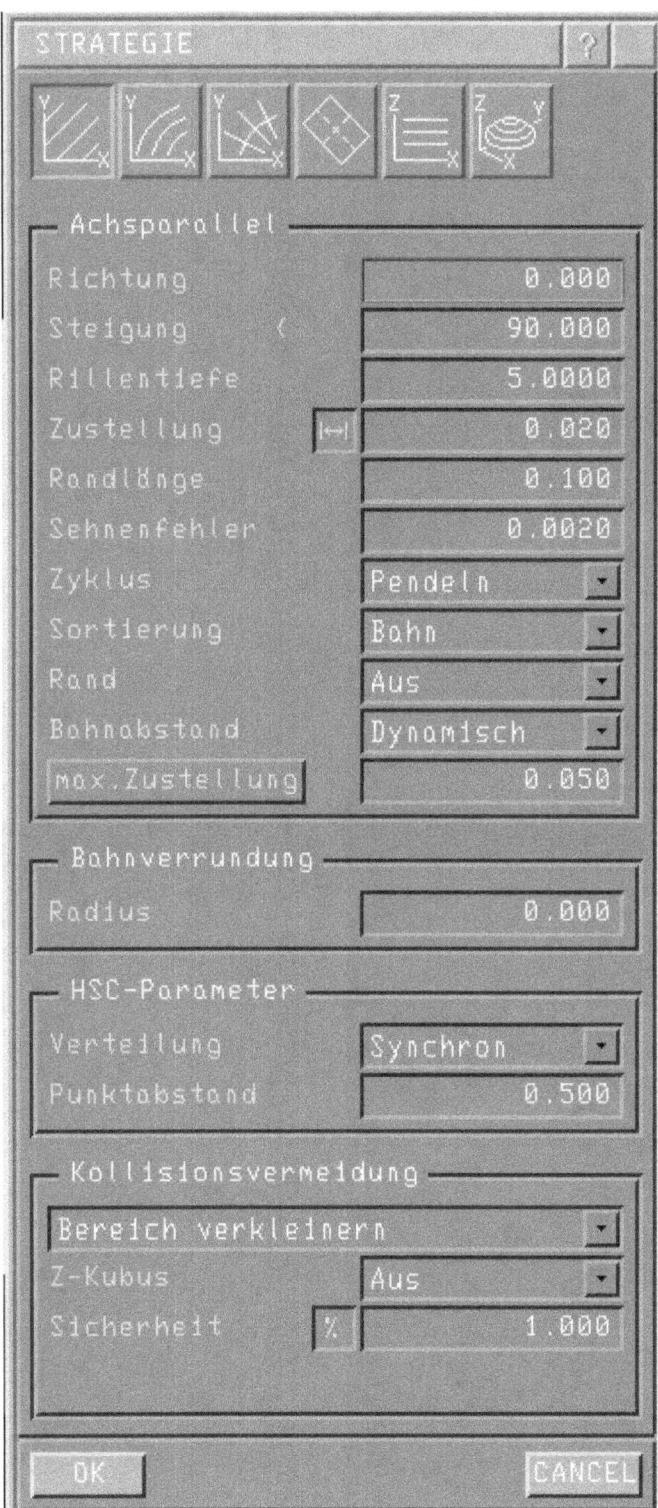

Als Strategie kommt wieder Achsparallel zum Einsatz

Die Makros

In diesem Bereich können wir die Bewegungen, die der Fräser anschließend ausführen soll, optimieren.

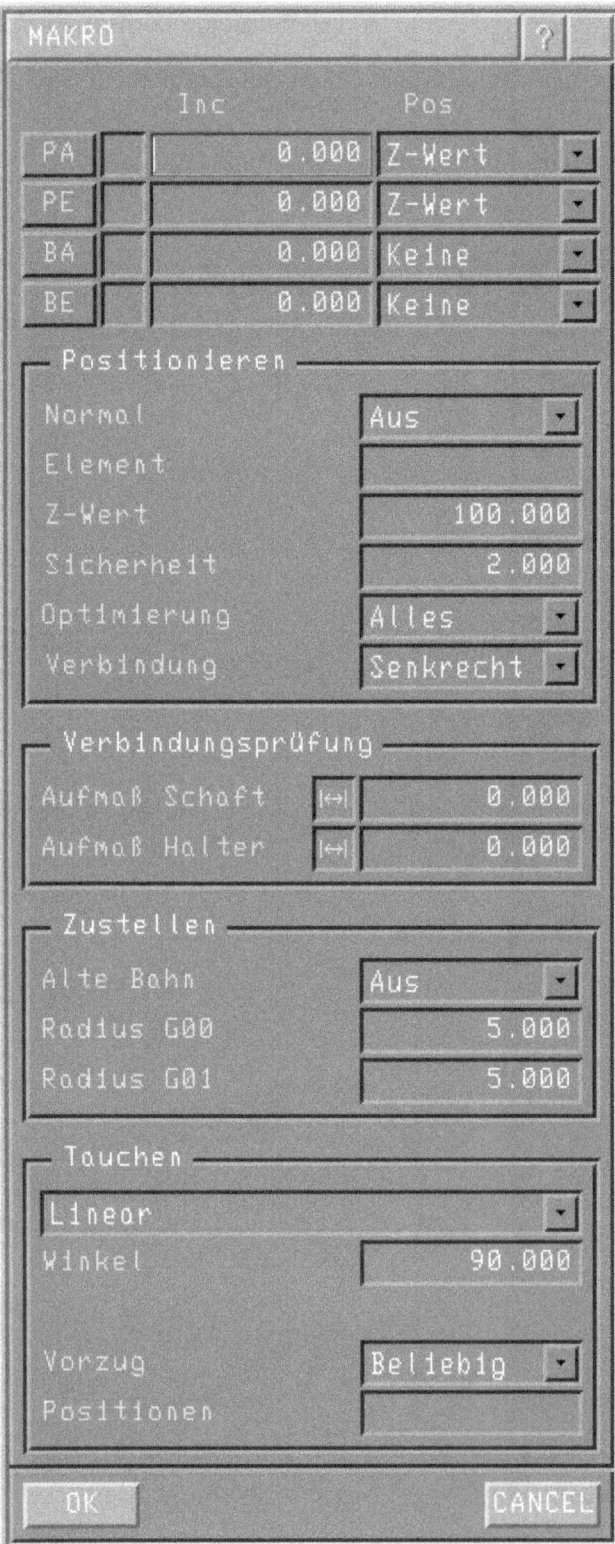

Die Parameter

Als Letztes müssen wir uns noch Gedanken über die (Maschinen)Parameter machen (Schnittgeschwindigkeiten, Vorschübe …)

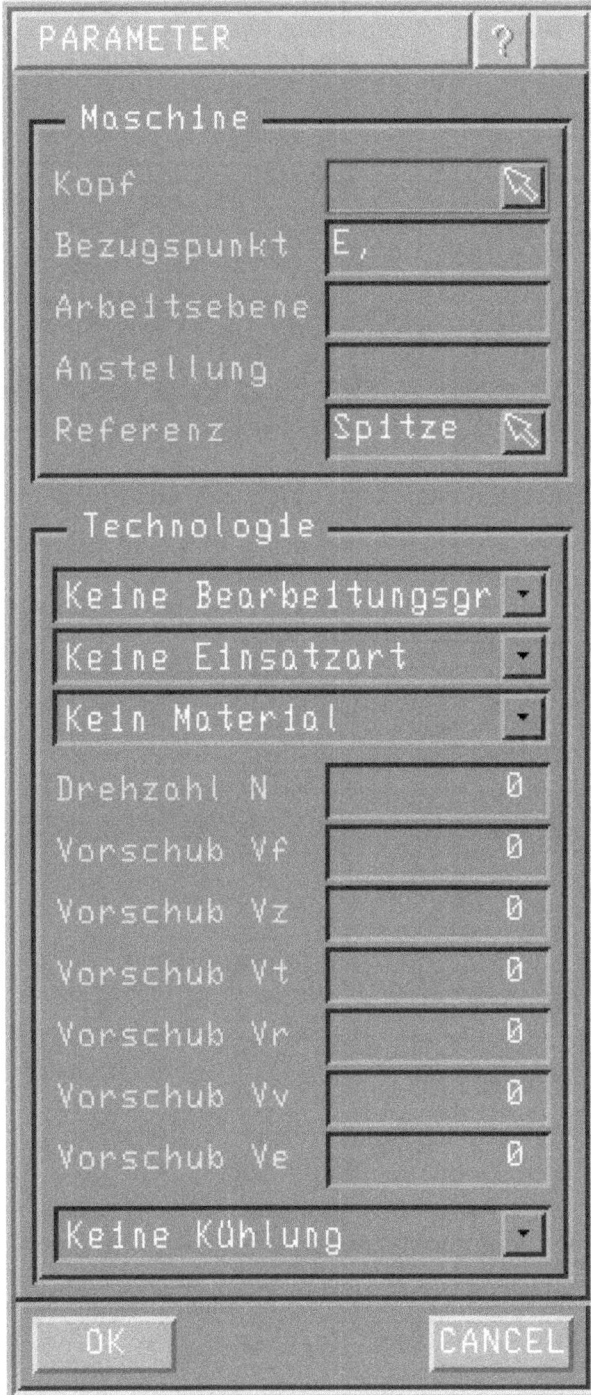

Die Parameter

Nachdem die letzten Einstellungen vorgenommen worden sind und mit OK bestätigt wurden, kann mit dem Simulieren und Abarbeiten des Fräszykluses begonnen werden. Dies erfolgt auch wieder analog dem Schruppen.

Dafür klickt man erneut auf den Simulations Button im Übersichtsmenü (Schlichten muss im Arbeitsplan ausgewählt worden sein).

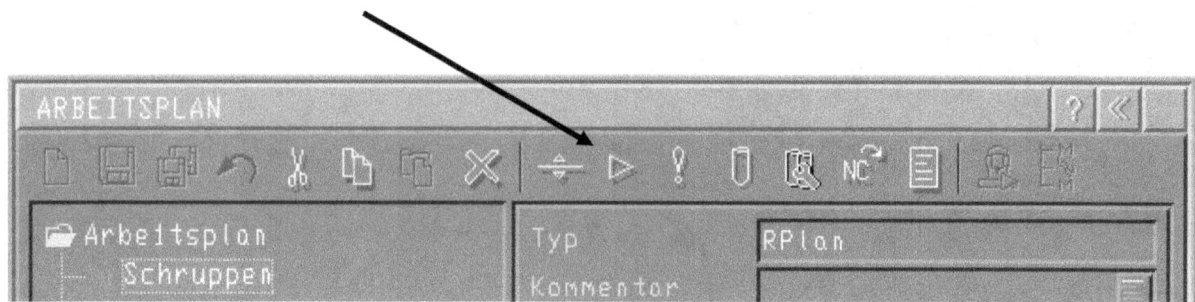

Es öffnet sich ein neues Fenster und man erkennt einen simulierten Fräser, sowie ein Bedienfenster (vgl. Abb. 39).

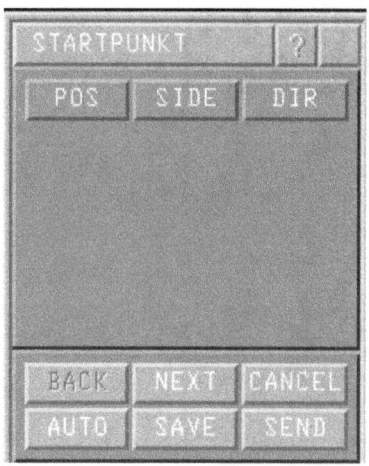

Abbildung 39 Bedienfenster zum Simulieren des Schruppzykluses

Wir bestätigen mit der Funktion AUTO (da wir den Startpunkt automatisch auswählen lassen). Nach dem Bestätigen öffnet sich erneut ein Fenster, mit dem wir nun das eigentliche Fräsen simulieren lassen können. Wir klicken auf OK

Die Parameter

und sehen nun, wie sich die Fräsbahnen über der Konstruktion erstrecken. Sind alle Bahnen berechnet, schließt das Programm das Fenster selbstständig und man befindet sich wieder in der NCJOB - Übersicht:

Jedoch steht nun im Statusfeld, dass der Job abgeschlossen ist.

Simulationen durchführen lassen

Es gibt die Möglichkeit, sofern die Jobs fertig simuliert wurden, in der TEBIS Version 3.5 R6 den Materialabtrag darstellen zu lassen.

Dazu gehen wir wie folgt vor:

I. Wir öffnen im NCJob Menü den Schruppzyklus
II. Wir drücken den Playbutton
III. Wir drücken auf AUTO
IV. Anschließend auf MSIMU
V. Danach auf den Playbutton rechts
VI. Danach den Plusbutton so lange drücken, bis beim darüber fahren 100% angezeigt wird

Es empfiehlt sich, in der Standardansichtsleiste die verdeckten Kanten auszublenden.

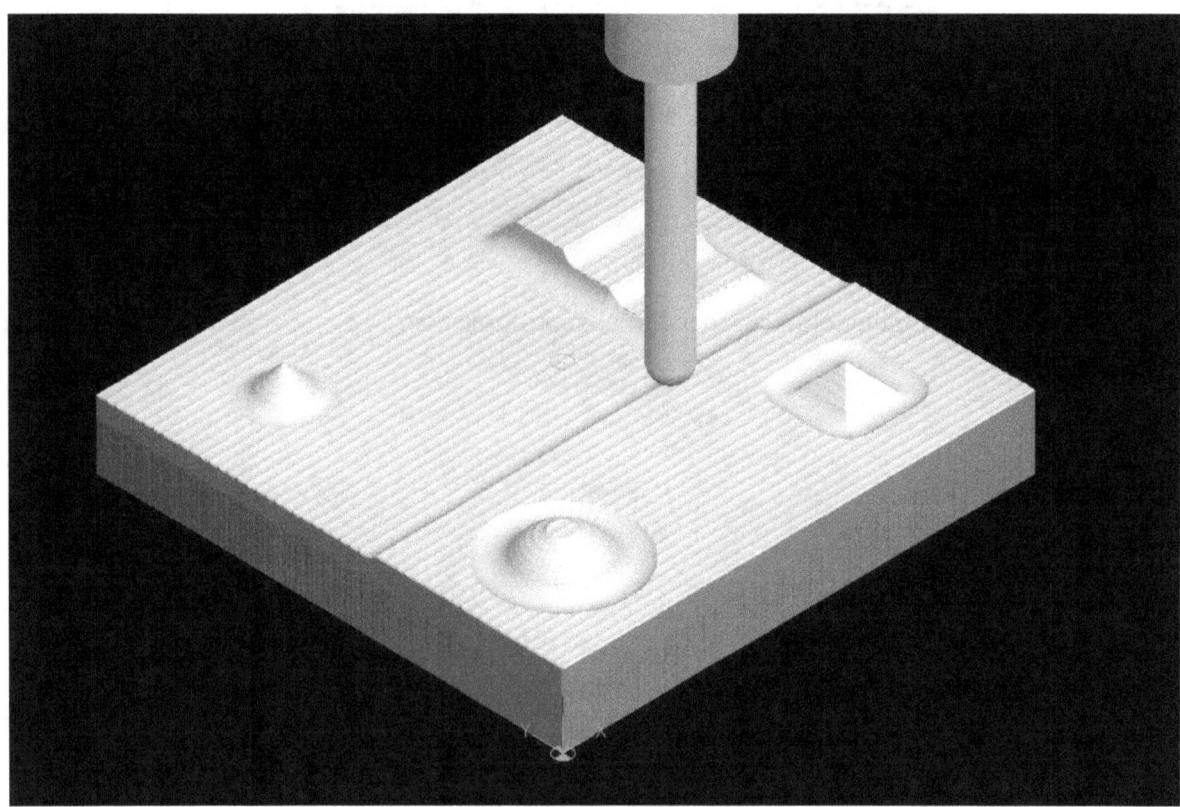

Abbildung 40 Simulation eines Schruppprogramms in TEBIS

Achtung: **Dieser Vorgang, vor allem die Materialsimulation, kann sehr rechen- und zeitintensiv sein und viel Zeit in Anspruch nehmen.**

Rohteil anzeigen lassen

TEBIS bietet die Möglichkeit nach dem Schruppzyklus, das bearbeitete Teil anzeigen zu lassen. Wenn das gewünscht ist, geht man wie folgt vor:

a. Man legt einen Layer an, in dem man das bearbeitete Teil sehen möchte und aktiviert ihn
b. Man öffnet das NC - JOB Menü und wählt den Schruppzyklus an
c. Rechtsklick auf den Schruppzyklus
d. runter scrollen auf Darstellen
e. Rohteil aktivieren

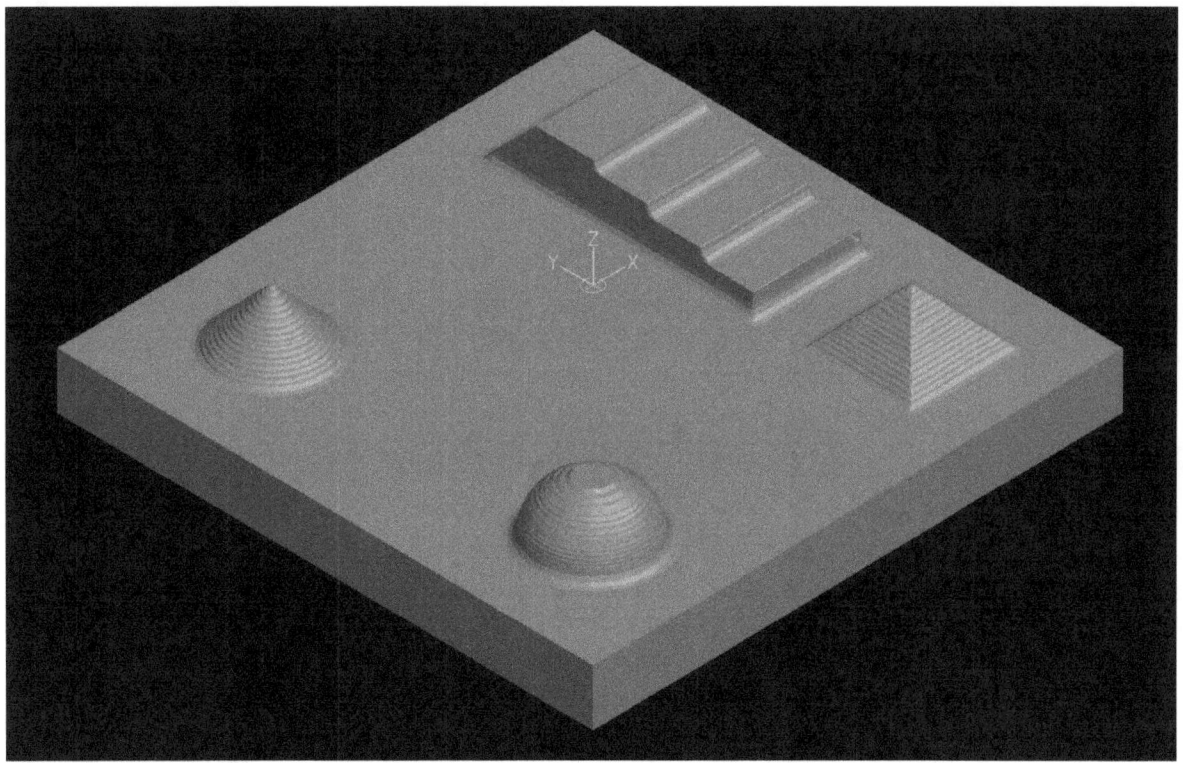

Abbildung 41 Rohteil nach dem Schruppprogramm

NC - Code generieren

Im Folgenden wird nun erklärt, wie der G - Code für das Schrupprogramm (das Schlichtprogramm erfolgt analog) erstellt wird. Wichtig, alle benötigten Layer wieder darstellen bzw. aktivieren!

Modul	Untermenü	Befehl	Eingabe in das Kommandofenster
DATA	PUT	NC	Elemente: Alle Fräsbahnen auswählen Achsensystem: KOS oben Mitte auswählen

Nach dem Bestätigen öffnet sich folgendes Fenster

Postprozessor: tebis_3ax_mill

Werkzeugsatz: Standartmagazin (1 Einträge)

NC - Code generieren

Dokumentation konstruktion.txt

Datei   name_SR   (Name in diesem Fall eure Matrikelnummer)

Programm   name_SR   (Name in diesem Fall eure Matrikelnummer)

Die Bezeichnung SR ist hier für das Schrupprogramm gedacht (SL für das Schlichtprogramm)

Sind alle Daten eingegeben und bestätigt, generiert das Programm den benötigten G - Code in einer Datei (ggf. muss der Ausgabeordner erfragt werden).

Tipp zum Programmgenerieren

Das generierte NC - Programm lässt sich leichter wieder finden, wenn folgendermaßen vorgegangen wird.

I. aktuelles Programm schließen
II. aktuelles Programm im Laufwerk suchen und durch Doppelklick öffnen
III. NC- Code generieren lassen

der NC - Code ist nun eine Ordnerebene über dem aktuell (durch Doppelklick geöffneten) Programm zu finden.

Der fertige G - Code wird nun in einer Datei ausgegeben (siehe Abbildung unten).

NC - Code generieren

```
buck_sr.nc - Editor
Datei  Bearbeiten  Format  Ansicht  ?
N0001 buck_SR
N0002 (DATEI   : buck_SR.nc)
N0003 (KUGELFRAESER D=2.00)
N0004 (WANDSTAERKE=0.00 AUFMASS=0.10 ZUSTELLUNG=1.20 PENDELN SPITZE)
N0005 (T001M06F0S0)
N0006 X-0025.000 Y-0020.999 Z+0100.000 G00
N0007 X-0025.000 Y-0020.999 Z+0002.050 G00
N0008 X-0025.000 Y-0020.999 Z+0000.050 G01
N0009 X-0025.000 Y-0025.000 Z-0000.300
N0010 X+0025.000 Y-0025.000 Z-0000.300
N0011 X+0025.000 Y+0025.000 Z-0000.300
N0012 X-0025.000 Y+0025.000 Z-0000.300
N0013 X-0025.000 Y-0025.000 Z-0000.300
N0014 X-0025.000 Y-0025.000 Z+0002.078 G00
N0015 X-0024.978 Y-0024.977 Z+0002.637 G00
N0016 X-0024.914 Y-0024.908 Z+0003.191 G00
N0017 X-0024.808 Y-0024.793 Z+0003.730 G00
N0018 X-0024.662 Y-0024.636 Z+0004.249 G00
N0019 X-0024.477 Y-0024.438 Z+0004.740 G00
N0020 X-0024.257 Y-0024.201 Z+0005.197 G00
N0021 X-0024.003 Y-0023.928 Z+0005.614 G00
N0022 X-0023.719 Y-0023.622 Z+0005.987 G00
N0023 X-0023.408 Y-0023.287 Z+0006.311 G00
N0024 X-0023.073 Y-0022.928 Z+0006.582 G00
N0025 X-0022.720 Y-0022.548 Z+0006.796 G00
N0026 X-0022.353 Y-0022.153 Z+0006.952 G00
N0027 X-0021.976 Y-0021.748 Z+0007.046 G00
N0028 X-0021.595 Y-0021.338 Z+0007.078 G00
N0029 X-0017.331 Y-0016.751 Z+0007.078 G00
N0030 X-0016.950 Y-0016.342 Z+0007.046 G00
N0031 X-0016.574 Y-0015.937 Z+0006.952 G00
N0032 X-0016.206 Y-0015.541 Z+0006.796 G00
N0033 X-0015.853 Y-0015.162 Z+0006.582 G00
N0034 X-0015.519 Y-0014.802 Z+0006.311 G00
N0035 X-0015.208 Y-0014.467 Z+0005.987 G00
N0036 X-0014.923 Y-0014.162 Z+0005.614 G00
N0037 X-0014.670 Y-0013.889 Z+0005.197 G00
N0038 X-0014.449 Y-0013.652 Z+0004.740 G00
N0039 X-0014.265 Y-0013.453 Z+0004.249 G00
N0040 X-0014.118 Y-0013.296 Z+0003.730 G00
N0041 X-0014.012 Y-0013.182 Z+0003.191 G00
N0042 X-0013.948 Y-0013.113 Z+0002.637 G00
```

In dieser Datei müssen noch kleine Änderungen vorgenommen werden, da wir Parameter, wie Vorschübe und Schnittgeschwindigkeit direkt an der Maschine definieren.

```
buck-sr.nc - Editor
Datei  Bearbeiten  Format  Ansicht  ?
;N0001 (DATEI    : buck-sr.nc)
;N0002 (KUGELFRAESER D=2.00)
;N0003 (WANDSTAERKE=0.00 AUFMASS=0.10 ZUSTELLUNG=1.20 PENDELN SPITZE)
;N0004 (T001M06F0S0)
N0005 X-0025.000 Y-0020.999 Z+0100.000 G00
N0006 X-0025.000 Y-0020.999 Z+0002.050 G00
N0007 X-0025.000 Y-0020.999 Z+0000.050 G01 M08
N0008 X-0025.000 Y-0025.000 Z-0000.300
N0009 X+0025.000 Y-0025.000 Z-0000.300
N0010 X+0025.000 Y+0025.000 Z-0000.300
```

Im oberen Bereich müssen wir die Definitionen, die TEBIS macht ausblenden. Dies geschieht über das Zeichen " ; ".

Bis zum ersten G - Befehl (in diesem Fall G00, müssen alle vorangegangenen Zeilen ausgeblendet werden.

In der ersten G01 auftretenden Zeile muss auch noch zusätzlich die Kühlung (M08) aktiviert werden.

Wenn die Kühlung eingeschaltet wird, sollte man sie auch wieder ausschalten☺. Dies geschieht im letzten Teil des Programms:

```
N27121 X+0025.000 Y-0022.200 Z-0004.900
N27122 X-0025.000 Y-0022.200 Z-0004.900
N27123 X-0025.000 Y-0023.400 Z-0004.900
N27124 X+0025.000 Y-0023.400 Z-0004.900
N27125 X+0025.000 Y-0024.600 Z-0004.900
N27126 X-0025.000 Y-0024.600 Z-0004.900
N27127 X-0025.000 Y-0024.600 Z+0100.000 G00 M09
N27128 M17
```

Nach der letzten Zeile mit G00 wird noch der Befehl M09 angehängt und zur Sicherheit eine weitere Zeile mit M17 (Spindel aus) eingefügt.

Anschließend könnt ihr das Programm an die Maschine senden. Da der Maschinenspeicher aber sehr begrenzt ist (ca. 50 MB), ist es ratsam das Programm auf einen Stick zu laden und vom Laborleiter auf die Maschine zu spielen.

Checkpoint Modul 4

1.1 Wie wird der Schlichtvorgang in TEBIS bezeichnet?

....

....

1.2 Mit welchem Werkzeug wird der Schlichtvorgang durchgeführt?

....

....

1.3 Wie kann eine Simulation des Vorgangs generiert werden?

....

....

1.4 Was muss beim Simulieren beachtet werden?

....

....

Lösungen der Checkpoint Fragen - Modul 1

1.1   *Wie kann in TEBIS ein Arbeitsschritt abgespeichert werden?*

-Durch die automatische Speicherfunktion des Programms
-Durch das manuelle Abspeichern (FILE - DATA - SAVE)

1.2   *Werden Punkte in TEBIS unmittelbar nach dem Konstruieren gespeichert?*

Ja, TEBIS speichert sofort alle Änderungen an der Konstruktion nach der Bestätigung des Befehls ab.

1.3   *Müssen bei der Konstruktion eines Punktes immer alle X-, Y- und Z - Werte angegeben werden?*

Nein, fehlende Werte werden durch die entsprechenden Werte des vorangegangenen Punktes ersetzt.

2.1   *Wie kann man in TEBIS einen Linienzug aufbrechen und diesen in einzelne Elemente unterteilen?*

Mit Hilfe der BREAK Funktion können Linienzüge (und Flächen) in einzelne Elemente aufgebrochen werden.

2.2   *Aus wie vielen Elementen besteht ein Kreis in TEBIS und wie ist er unterteilt?*

Eine Sphäre, wie auch ein Kreis, bestehen in TEBIS aus 2 Halbschalen bzw. zwei Halbkreisen, welche in Y - Richtung geteilt sind.

Checkpoint Modul 4

3.1   Können gelöschte Daten in TEBIS rückgängig gemacht werden und wenn ja, wie?

Ja, diese können mit der Funktion: Wiederherstellen (vgl. S. 6) rückgängig gemacht werden.

3.2   Wie gelangt man in TEBIS in die Direkthilfe?

Standard Werkzeugleiste - Direkthilfe

3.3   Wie kann man am schnellstens einen Rotationskörper in TEBIS erstellen und welche beiden Elemente braucht man hierfür?

DESIGN - RSURF - ROT und es werden eine Achse, um die rotiert werden soll und die zu rotierende Kurve gebraucht.

4.1   Wie kann in TEBIS das Gitternetz der Oberfläche verändert werden, so dass diese ein feineres Raster bekommt?

GRAPHIC - PARA - GRID Gitter auswählen und Rasterung einstellen.

4.2   Welche Parameter sind zur Konstruktion einer Sphäre notwendig?

Mittelpunkt und Radius

4.3   Mit Hilfe der MOVE Funktion können Elemente in TEBIS verschoben werden. Was ist das mathematische Analogon hierzu?

Ein Vektor und sein Anfangs- und Endpunkt

5.1   Können aufgebrochene Linienzüge nachträglich wieder verbunden werden?

Ja, mit EDITOR - LINK können diese wieder verbunden werden (gilt auch für Flächen)

5.2   Welche Elemente können untereinander verbunden werden?

Linien mit Linien und Flächen mit Flächen

5.3   Wie kann in TEBIS Rein- bzw. Heraus gezoomt werden?

STRG. + linke Maustaste und dann nach oben (rein-) oder nach unten(raus zoomen)

6.1   Wie kann in TEBIS die Ansicht verändert werden?

Ansicht - Werkzeugleisten - dann die gewünschte Ansicht auswählen

Lösungen der Checkpoint Fragen - Modul 2

1.1   Welche Vorbereitungen müssen vor dem Fräsen getroffen werden?

   a. Radien anbringen
   b. Layer anlegen
   c. Koordinatensystem verschieben
   d. Rohteil definieren

1.2   Warum ist es sinnvoll mit Layern zu arbeiten?

Layer ermöglichen es uns, verschiedenen Bearbeitungen an unserem Teil separat und unabhängig voneinander durchzuführen. So können wir Schruppen und Schlichten getrennt in Layern durchführen und getrennt betrachten.

1.3   Wie wird ein Rohteil in TEBIS erstellt?

NCBASE - BLANK

2.1   Wieso sollte man sein Koordinatensystem vor dem Fräsen verschieben?

Ein Verschieben des Koordinatensystems bewirkt (sofern man es zentral am höchsten Punkt der Konstruktion anbringt), dass alle Z - Koordinaten negativ gerechnet werden können und man so schneller einen Überblick über die aktuelle Position des Fräser bekommt (umständliches Umrechnen entfällt.

2.2   Warum sollten Radien angebracht werden?

Gerade bei scharfen Kanten und Ecken können mit einem Fräser nur sehr schwer oder gar nicht bearbeitet werden. Auch muss der Fräse hierzu absetzen und kann nicht in einer durchgängigen Bahn fahren, was höhere Bearbeitungszeiten zur Folge hat. Radien entschärfen dies und führen dazu, dass der Fräser in "einem Zug" fahren kann. Dies spart Zeit und schont zudem die Maschine

Lösungen der Checkpoint Fragen - Modul 3

1.1   Wie wird der Fräszyklus in TEBIS bezeichnet?

RSurf

1.2   Welche 5 Eigenschaften definieren einen Schruppzyklus?

a. Werkzeugauswahl
b. Elemente
c. Strategie
d. Makro
e. Parameter

1.3   In welchen Layer gehört das Schrupprogramm?

03 Rohteil nach Schruppen

1.4   Wozu dienen Stoppflächen beim Schruppen?

Da wir das Teil auf einer Maschine fertigen wollen, wird die Grundplatte seitlich von einem Backenfutter gespannt. Um zu verhindern, dass wir in dieses Backenfutter fräsen, definieren wir eine Stoppfläche, unter die der Fräser nicht fahren darf, um eine Kollision mit dem Backenfutter zu vermeiden.

1.5 Was passiert beim Ändern der Frässtrategie von Turm - Feld bzw. Bahn zu Ebene - Feld bzw. Bahn (ggf. ausprobieren)?

Zum einen unterscheiden sich die beiden Verfahren dadurch, dass sie (wie in der Abbildung unten zu sehen ist) entweder das Material in einer Ebene abtragen (Ebenenweise) oder, bei Vertiefungen, diese in einem Durchgang abarbeiten.

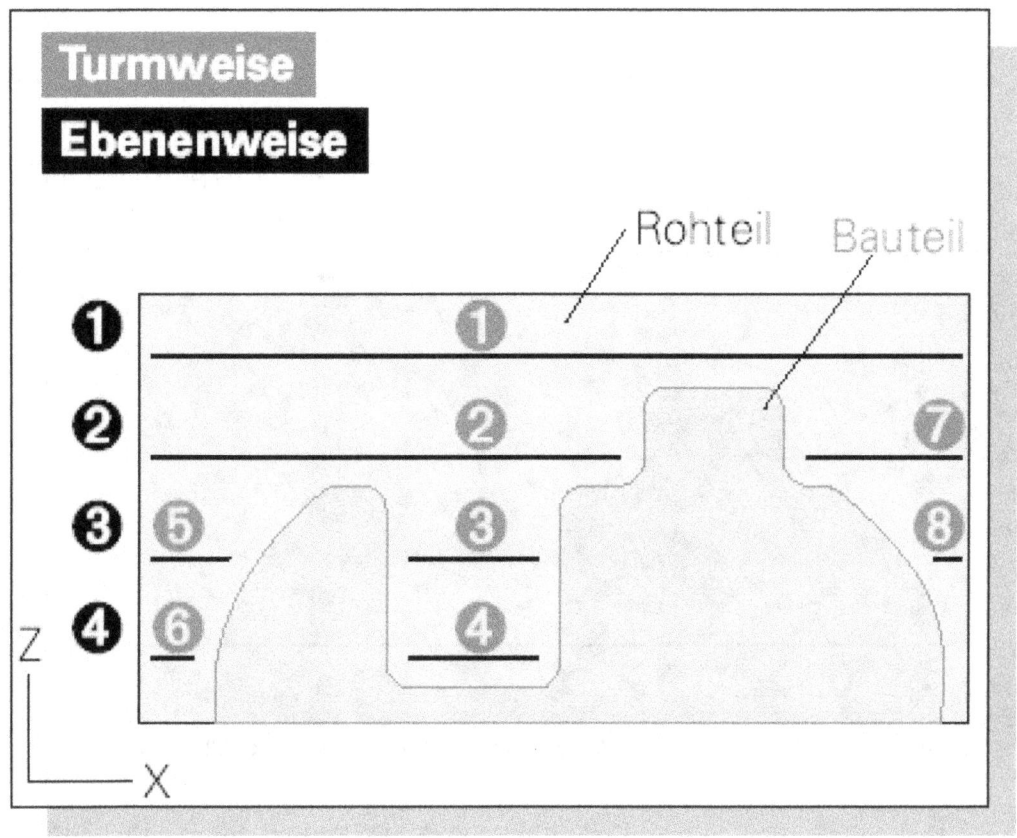

Abbildung 42 Mit freundlicher Genehmigung von Hr. Volkmar Buck HeidTECH Heidenheim

Anbei sind noch die Unterschiede der Feld bzw. Bahn Sortierung bildlich dargestellt.

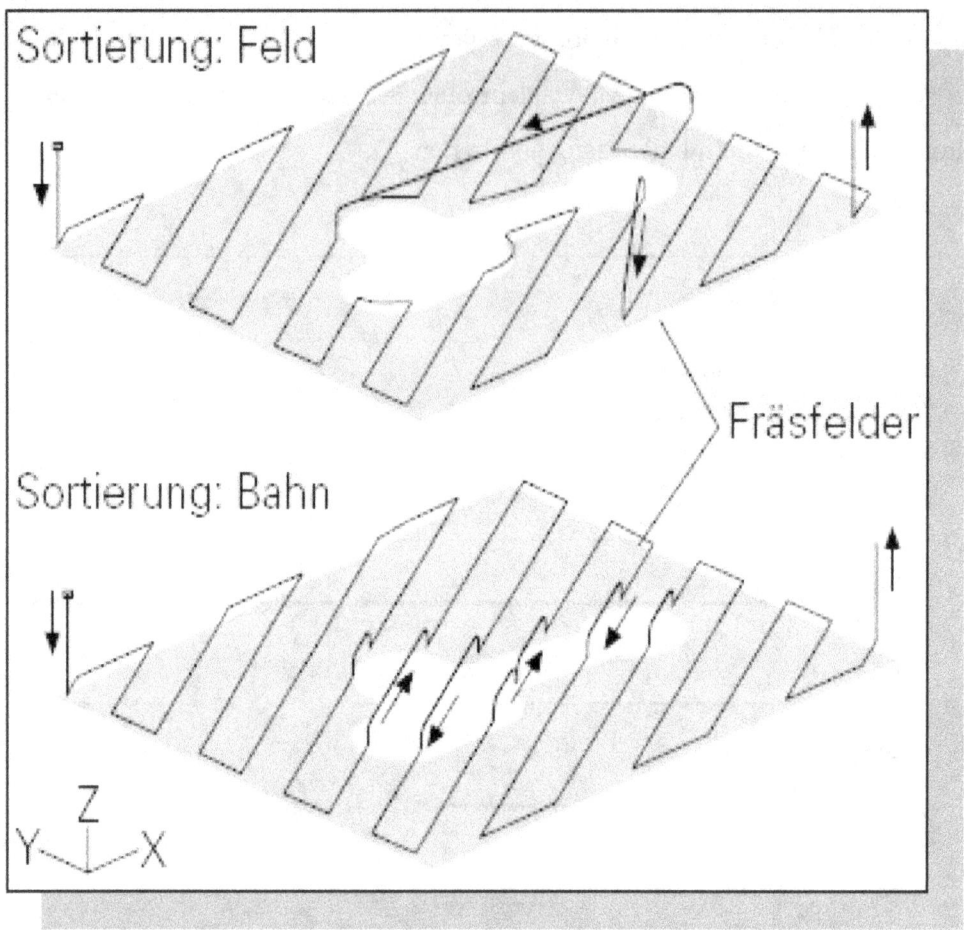

Abbildung 43 Mit freundlicher Genehmigung von Hr. Volkmar Buck HeidTECH Heidenheim

Feld: Die Fräsbereiche werden, sofern benötigt, in Felder zerteilt, die nacheinander abgearbeitet werden.

Bahn: Wird die Fräsbahn durch ein Rohteil unterbrochen, so wird die Bahn überbrückt.

Lösungen der Checkpoint Fragen - Modul 4

1.1   Wie wird der Schlichtvorgang in TEBIS bezeichnet?

MSurf

1.2   Mit welchem Werkzeug wird der Schlichtvorgang durchgeführt?

Wir verwenden das gleich Werkzeug, wie bereits für den Schlichtvorgang verwendet wurde

1.3   Wie kann eine Simulation des Vorgangs generiert werden?

   I.   Wir öffnen im NCJob Menü den Schruppzyklus
   II.   Wir drücken den Playbutton
   III. Wir drücken auf AUTO
   IV.   Anschließend auf MSIMU
   V.   Danach auf den Playbutton rechts
   VI.   Danach den Plusbutton so lange drücken, bis beim darüber fahren 100% angezeigt wird

1.4   Was muss beim Simulieren beachtet werden?

Allen voran das Berechnen des Materials und der Fräsbahnen ist sehr rechenintensiv und nur auf dafür vorgesehenen Workstations vorgesehen.

Abbildungsverzeichnis

Abbildung 1 Startbildschirm TEBIS. 7

Abbildung 2 Menüleiste links oben 7

Abbildung 3 Standard Ansichtsleiste 8

Abbildung 4 Kommandofenster 9

Abbildung 5 Modul Data 9

Abbildung 6 Modul DATA - FILE 9

Abbildung 7 Datei öffnen / anlegen 10

Abbildung 8 Ordnerstruktur beim Öffnen / Anlegen einer Datei in TEBIS 11

Abbildung 9 Dateinamen eingeben 11

Abbildung 10 Startbildschirm bei neu erzeugter Datei. In der Mitte sieht man das nun aktive Koordinatensystem. 12

Abbildung 12 Menüstruktur TEBIS am Beispiel des DESIGN Astes. Ab dem Punkt DESIGN, spricht man schon von einem Untermenü. 14

Abbildung 11 Modulübersicht TEBIS 14

Abbildung 13 POINT Menü im DESIGN Modul 16

Abbildung 14 DESIGN Modul 16

Abbildung 15 Modulübersicht 17

Abbildung 16 Direkthilfe Button (Mauszeiger mit Fragezeichen) 19

Abbildung 17 Konstruktionsübung 21

Abbildung 18 Drahtmodell Übung 1 22

Abbildung 19 Ansichten Leiste 22

Abbildung 20 Grundplatte nach Übung 1 25

Abbildung 21 Bodenplatte mit den darauf erzeugten Flächen (gestrichelte Linien) 25

Abbildung 22 Drahtmodell der Übung 3 28

Abbildung 23 Rotationskörper in TEBIS erstellen 28

Abbildung 24 Drahtmodell Übung 4 31

Abbildung 25 Drahtmodell Übung 5 33

Abbildung 26 Drahtmodell Übung 6 36

Abbildung 27 Beispielkontur Radien 44

Abbildung 28 Beispielkontur mit angefügtem Radius 44

Abbildung 29 Verrundungsmenü 45

Abbildung 30 Standard Layerstruktur 47

Abbildung 31 fertig angelegte Layerstruktur zur Fräsbearbeitung.................................... 48

Abbildung 32 Eckwerte der Konstruktion bzw. des Rohteiles.. 49

Abbildung 33 Werkzeugverwaltung zum Anlegen und Verwalten der Werkzeuge 56

Abbildung 34 Definition eines neuen Werkzeuges in TEBIS 57

Abbildung 35 Verwaltung von Fräsplänen.. 59

Abbildung 36 Bearbeitungsfenster zum Definieren einer Fräsbearbeitung 59

Abbildung 37 Bedienfenster zum Simulieren des Schruppzykluses 66

Abbildung 38 Verwaltung von Fräsprogrammen mit bereits vorhandenem Schruppprogramm 71

Abbildung 39 Bedienfenster zum simulieren des Schruppzykluses.................................. 78

Abbildung 40 Simulation eines Schruppprogramms in TEBIS... 80

Abbildung 41 Rohteil nach dem Schruppprogramm... 81

Abbildung 42 Mit freundlicher Genehmigung von Hr. Volkmar Buck HeidTECH Heidenheim......... 93

Abbildung 43 Mit freundlicher Genehmigung von Hr. Volkmar Buck HeidTECH Heidenheim......... 94

Checkpoint Modul 4

Checkpoint Modul 4

Checkpoint Modul 4

www.ingramcontent.com/pod-product-compliance
Lightning Source LLC
Chambersburg PA
CBHW081815220526

45470CB00007B/2325